W0259129

Volkhard Jung

Magnetisches Schweben

Mit 37 Abbildungen

Springer-Verlag Berlin Heidelberg NewYork
London Paris Tokyo 1988

Dr. rer. nat. Volkhard Jung
Elbinger Str. 2a
7500 Karlsruhe 1

Die Abbildung auf der vorderen Umschlagseite verwenden wir mit freundlicher Genehmigung der Firma Thyssen-Henschel, Produktbereich Neue Verkehrstechnologien, München.

ISBN-13: 978-3-540-50196-1 e-ISBN-13: 978-3-642-83577-3
DOI: 10.1007/978-3-642-83577-3

CIP-Titelaufnahme der Deutschen Bibliothek
Jung, Volkhard:
Magnetisches Schweben / V. Jung.
Berlin ; Heidelberg ; New York ; London ; Paris ; Tokyo : Springer 1988

Softcover reprint of the hardcover 1st edition 1988

Druck: Mercedes-Druck, Berlin; Bindearbeiten: Lüderitz & Bauer, Berlin
2160/3020-543210

Vorwort

In diesem Buche wird das *Magnetische Schweben* behandelt. Die einzelnen Kapitel und Abschnitte sind im nachfolgenden Inhaltsverzeichnis aufgeführt. Nach einer kurzen Einleitung schien eine Einführung in die physikalischen Grundlagen sinnvoll zu sein. Denn das Buch sollte von möglichst vielen verstanden werden. Es ist gedacht an die Disziplinen Elektrotechnik, Maschinenbau, vielleicht auch Verkehrstechnik und Verkehrswegebau. Physiker werden wenig Schwierigkeiten beim Studium dieses Buches finden.

Es wird davon ausgegangen, daß dem Leser eine Fachbibliothek zur Verfügung steht, in der er die im Literaturverzeichnis nach Kapiteln sortierte Literatur aufsuchen kann. Ein nicht unerheblicher Teil der Literatur ist verständlicherweise englischsprachig. Da auf dem Gebiet des magnetischen Schwebens die Bundesrepublik Deutschland dank der Förderung durch BMFT und DFG führend ist, liegt ein Großteil der Literatur in deutscher Sprache vor. Zu nennen wären hier hauptsächlich die Zeitschriften Elektrotechnische Zeitschrift A, Eisenbahntechnische Rundschau und Zeitschrift für Eisenbahnwesen und Verkehrstechnik - Glasers Annalen. Die Internationale Literatur findet man hauptsächlich in IEEE - Transactions on Magnetics.

Gewiß kann das Buch auch ohne Fachbibliothek studiert werden. So war die Vorlesung, aus der das Buch entstand, auch aufgebaut. Dann allerdings findet der Leser keine Spezialkenntnisse, sondern hauptsächlich Grundlagen. Diese Grundlagen wurden aber zum Verständnis des Ganzen für äußerst wichtig erachtet. So wird sich z.B. mancher Leser fragen, wozu denn die Herleitung des Nah- bzw. Fernfeldes und der Kraftgesetze von magnetischen Dipolen nützlich sei. Die Antwort ist sehr einfach: Mit den meisten Schwebeeinrichtungen werden Menschen transportiert, und man muß wissen, welche Magnetfelder auf einen Fahrgast einwirken. Aus den hergeleiteten Gesetzen lassen sich diese Felder leicht berechnen. Die Studenten der Vorlesungen waren mit der exemplarischen Auswahl des Stoffes zufrieden und zeigten großes Interesse, die Grundlagen zu verstehen. Es ist ein Irrtum, wenn heute vielerorts geglaubt wird, man müsse möglichst viel Stoff bewältigen. Das "Verstehen warum" ist doch wichtiger als das "Wissen wie". Dem Leser dieses kleinen Buches wünsche ich viel Freude bei der Beschäftigung mit dem Komplex magnetisches Schweben.

Karlsruhe, den 16. Mai 1988 Volkhard Jung

Anmerkung zur Nomenklatur:

Die Permeabilität μ ist in diesem Buche eine dimensionslose Zahl, ebenso die Dielektrizitätskonstante ε. Diese Art der Bezeichnung entspricht dem Sprachgebrauch der Physiker. In anderen Disziplinen sind die Bezeichnungen μ_r und ε_r üblich. Die Windungszahl bei Spulen wird mit n angegeben. Anstelle der noch gültigen Bezeichnung t wird meist Mg geschrieben, denn die Einheit der Masse ist das kg.

Inhaltsverzeichnis

0 Einleitung

Das vorliegende Buch über *Magnetisches Schweben* entstand aus einer Vorlesung, die unter gleichem Namen an der Universität Karlsruhe (TH) im Rahmen des Instituts für Fördertechnik bis zur Emeritierung von Prof. Dr.-Ing. Dr.-Ing. E.h. Erich Bahke vom Verfasser gehalten wurde. Das Anliegen von Prof. Bahke war es, die neue Technologie des magnetischen Schwebens für die *Fördertechnik* fruchtbar werden zu lassen. Es dürfte auch wenig bekannt sein, daß eine Anwendung des *permanentmagnetischen Schwebens unter Tage* erfolgte, nämlich ein Fördersystem, das auf der Technik der *M-Bahn* [0.1] basiert, die im Personen-Nahverkehr in Berlin Einsatz findet [2.10],[2.11],[2.19].

Leider sind *fördertechnische Anwendungen* des elektrodynamischen Schwebens, wie z.B. der berührungsfreie Transport von Aluminiumblechen auf einem Förderweg mit *magnetischen Wanderfeldern* nicht zur Entwicklung gelangt. Es hat sich eben niemand der potentiellen Anwender für eine solche Entwicklung stark gemacht.

Die bekannteste und am weitesten entwickelte Magnet-Schwebe-Technologie dürfte diejenige für Hochgeschwindigkeitsbahnen sein. Verschwunden sind wiederum Anwendungspläne für das *elektromagnetische Schweben im Öffentlichen Nahverkehr*. Wenig bekannt ist die magnetische Lagerung schnelllaufender Zentrifugen in der Isotopentrennanlage in Almelo/Niederlande. Alle diese versteckten Anwendungen des magnetischen Schwebens sollte man im Kopf haben, wenn von der Magnet-Schwebe-Technologie die Rede ist. Gleichwohl liegt der Schwerpunkt der Diskussion und auch der Anwendungen bei den Hochgeschwindigkeitsbahnen [0.13],[0.14],[0.15],[0.16].

Als die Vorlesung "magnetisches Schweben" im SS 1976 begann, war schon eine gewisse Entwicklungszeit bei der Magnet-Schwebe-Technologie abgelaufen, und es konnte Bilanz gezogen werden [0.2]. Bald wurde an Trassierungselemente [0.3] für eine Magnet-Schwebe-Schnellbahn gedacht. Und schließlich erfolgte die Systementscheidung - etwa 1977 - zwischen elektromagnetischem und elektrodynamischem Schweben [0.4]. Am Beginn der 80-er Jahre war ein klares Entwicklungskonzept zu erkennen [0.5], und die

Einsatzchancen der Magnetbahn [0.6] wurden untersucht. Bereits bei der Demonstration des magnetischen Schwebens anläßlich der Internationalen Verkehrsausstellung in Hamburg 1979 (IVA 79) [0.7] wurden Überlegungen zu den Sicherheitsanforderungen an eine Magnetbahn [0.8] aufgenommen. Im Jahre des 150-jährigen Eisenbahnjubiläums war es sinnvoll, über ergänzende Technologien im spurgeführten Verkehr [0.9] nachzudenken. Nun ist die Magnetbahn-Technologie ausgereift, und es gibt Schwierigkeiten bei der Trassenfindung und bei der Einführung dieser Technologie, erstens, weil es ohnehin schwierig ist, in der zersiedelten Bundesrepublik Deutschland eine Hochgeschwindigkeitstrasse zu finden, und zweitens, weil von vielen Seiten Systembrüche im Netz der Bundesbahn befürchtet werden [0.10], die den Reisezeitgewinn, subjektiv empfunden, wieder zunichte machen. Doch auch im IC-Netz der Bundesbahn muß sehr oft umgestiegen werden. Und es dürfte gleichgültig sein, mit welcher Technologie nach dem Umsteigen weitergefahren wird, wenn nur der Umsteigevorgang wie gewohnt abläuft [0.11]. Gewiß bleibt als Nachteil, daß bei einem Systemwechsel durchgehende Züge nicht mehr attraktiv sind, weil sie nicht den Vorteil einer Neubaustrecke nutzen können. Und durchgehende Züge würden auf einer Rad/Schiene-Neubaustrecke gleich attraktiv sein wie Umsteigeverbindungen. Es gäbe schließlich den Kompromiß des bivalenten Fahrweges [0.12], doch an einer bivalenten Weiche mangelt es noch, hier besteht Entwicklungsbedarf. Das Ziel ist es, die Magnetbahntrassen in die vorhandenen Knotenbahnhöfe einzuführen, um - wenn möglich - ein Umsteigen am gleichen Bahnsteig vom IC zur Magnetbahn und umgekehrt baulich zu verifizieren [0.17].

Doch das schwierigste Problem besteht darin, eine neue Trasse zu finden. Zwar können für eine Geschwindigkeit von 400 km/h und eine Querneigung der Trasse von 12° Bogenradien bis hinunter zu 4000 m angewandt werden. Doch ist dabei kein bivalenter Fahrweg möglich, es sei denn die Querneigung wird auf 6° und die Geschwindigkeit auf 300 km/h begrenzt. Die vertikalen Ausrundungsradien müssen für die Wanne 12 300 m betragen und für die Kuppe doppelt so viel, da bei 400 km/h in der Wanne die vertikale Zentrifugalbeschleunigung auf 1,0 m/s^2 begrenzt ist und auf der Kuppe auf 0,5 m/s^2. Für die Magnetbahn werden zwar Steigungen bis zu 10 % zugelassen, jedoch erschweren die beim Neigungswechsel nötigen Ausrundungsradien eine Anpassung der Trasse an hügeliges Gelände.

Πᾶσα φάραγξ πληρωθήσεται καὶ πᾶν ὄρος καὶ βουνὸς ταπεινωθήσεται
καὶ ἔσται πάντα τὰ σκολιὰ εἰς εὐθεῖαν καὶ ἡ τραχεῖα εἰς πεδία.
(Jes. 40,4)

1 Physikalische Grundlagen

Magnetisches Schweben wird durch Magnetfelder ermöglicht. Zum Verständnis des magnetischen Schwebens ist daher die Beschäftigung mit der Natur der Magnetfelder nötig. Das Magnetfeld ist aber nur eine Erscheinung von Kraftfeldern. Nicht durch mechanische Anordnungen erzeugte Kräfte können auch von elektrischen Feldern und von Gravitationsfeldern verursacht werden. Es ist daher sinnvoll, das magnetische Feld zusammen mit dem elektrischen Feld und dem Gravitationsfeld zu betrachten.

Beginnen wir mit dem Gravitationsfeld! Das Gravitationsfeld ist Ursache der gewohnten Erscheinungen:

1. Aufgrund des Gravitationsfeldes besitzen auf der Erde, auf dem Mond und anderen Himmelskörpern alle dort befindlichen zweiten Körper ein Gewicht.

2. Aufgrund des Gravitationsfeldes von Sonne, Planeten und Monden werden alle umlaufenden zweiten Körper, Planeten, Monde und Satelliten durch Kompensation ihrer Zentrifugalbeschleunigung auf ihrer jeweiligen Umlaufbahn gehalten.

Die Besonderheit der Gravitationskraft - im Gegensatz zu Kräften im elektrischen und magnetischen Felde - besteht darin, daß diese immer nur anziehend wirkt. Von möglichen Eigenschaften der Antimaterie gegenüber Materie soll hier nicht gesprochen werden. Es gilt das bekannte Newtonsche Gesetz:

$$\vec{F} = \gamma \frac{m_1 \quad m_2 \quad \vec{r}}{r^2 \qquad r} , \tag{1.1}$$

wobei m_1 und m_2 die beiden einander anziehenden Massen sind, r ihr gegenseitiger Abstand von Schwerpunkt zu Schwerpunkt und γ die Gravitationskonstante ist.

Denkt man sich die Masse der Erde in ihrem Mittelpunkt konzentriert, so würde als Erdbeschleunigung bei einem Radius r = 6370 000 m und einer Erdmasse von $6{,}01 \cdot 10^{24}$ kg und einer Gravitationskonstante $\gamma = 6{,}66 \cdot 10^{-11}$ $m^3/kg\ s^2$ eine Erdbeschleunigung von 9,86 m/s^2 resultieren. Der Vektor $\vec{g}$ stellt sich dann folgendermaßen dar:

$$\vec{g} = \frac{\vec{F}}{m} = \frac{\gamma\, m_1}{r^2}\,\frac{\vec{r}}{r} \quad . \tag{1.2}$$

Die Erdbeschleunigung stellt für das Gravitationsfeld diejenige Größe dar, die wir im Falle des elektrischen Feldes und im Falle des magnetischen Feldes als Feldstärke bezeichnen. Die Materiemassen sind den elektrischen Ladungen bzw. magnetischen Polstärken vergleichbar.

Kommen wir zum elektrischen Feld: Zwei Ladungen mit entgegengesetztem Vorzeichen (ungleichnamige Ladungen) e_1 und e_2 im Abstand r ziehen sich gegenseitig mit der Kraft

$$\vec{F} = \frac{e_1\, e_2\, \vec{r}}{\varepsilon_0\, 4\pi\, r^2\, r} \tag{1.3}$$

an. Die Größe

$$\frac{\vec{r}}{r}\,\frac{e_1}{\varepsilon_0\, 4\pi\, r^2} = \vec{E} \tag{1.4}$$

nennen wir elektrische Feldstärke mit der Dimension Spannung/Länge, sie ist der Ladungsdichte

$$\vec{D} = \frac{e_1}{4\pi\, r^2}\,\frac{\vec{r}}{r} \tag{1.5}$$

mit der Dimension Ladung/Fläche auf der Oberfläche $4\pi r^2$ einer Kugel mit dem Radius r proportional, sofern die Ladung gleichmäßig über die Kugeloberfläche verteilt ist (konstante Ladungsdichte). Der Proportionalitätsfaktor ist

$$1/\varepsilon_0 = \mu_0\, c^2 \; . \tag{1.6}$$

Es gilt

$$\vec{E} = \frac{1}{\varepsilon_0}\,\vec{D} = \frac{e_1\, \mu_0\, c^2\, \vec{r}}{4\pi\, r^2\, r} \quad . \tag{1.7}$$

Im praktischen Maßsystem hat ε_0 die Größe $\varepsilon_0 = 0{,}886 \cdot 10^{-11}\ \frac{\text{Amp sec}}{\text{Volt m}}$. Die Größe $1/\varepsilon_0$ hat beim elektrischen Felde also die gleiche Funktion wie die Gravitationskonstante im Newtonschen Gravitationsgesetz. Die

Kraft auf eine Ladung e im elektrischen Felde der Stärke $\vec{E}$ ist durch die folgende einfache Beziehung gegeben:

$$\vec{F} = e\,\vec{E}\,. \tag{1.8}$$

Wird die Feldstärke in Volt/m und die Ladung in Ampsec gemessen, dann ergibt sich als Einheit für die Kraft Newton.

Magnetische Pole unterscheiden sich prinzipiell dadurch von elektrischen Polen, daß es keine separaten magnetischen Ladungen gibt. (Bisher sind jedenfalls noch keine magnetischen Monopole gefunden worden.) Dennoch kann man bei einem langgestreckten Permanentmagneten oder bei einer langgestreckten Magnetspule bei der Berechnung der Kräfte auf die Pole in einem äußeren Magnetfelde den Einfluß des jeweiligen Gegenpols vernachlässigen und in guter Näherung die Kräfte so berechnen, als gäbe es magnetische Monopole. Analog zum Newtonschen Gravitationsgesetz und zum Coulombschen Gesetz für die Kräfte zwischen elektrischen Ladungen gilt das Gesetz für Kräfte zwischen magnetischen Polen:

$$\vec{F} = \frac{\Phi_1 \quad \Phi_2 \quad \vec{r}}{\mu_0 \; 4\pi \; r^2 \; r}\,. \tag{1.9}$$

Dabei sind Φ_1 und Φ_2 die Polstärken der beiden Pole und r ist ihr gegenseitiger Abstand von Polmittelpunkt zu Polmittelpunkt. μ_0 ist wieder eine Konstante, welche die magnetische Feldstärke $\vec{H}$ der Dimension Strom/Länge mit der Flußdichte $\vec{B}$ der Dimension Fluß/Fläche verknüpft. Der Kehrwert $1/\mu_0$ ist wiederum der Gravitationskonstanten im Newtonschen Gravitationsgesetz vergleichbar. Die Feldstärke $\vec{H}$ des Poles Φ_1 im Abstand r ergibt sich zu

$$\vec{H} = \frac{\Phi_1 \quad \vec{r}}{\mu_0 \; 4\pi \; r^2 \; r}\,. \tag{1.10}$$

Die magnetische Feldstärke ist der Flußdichte auf der Oberfläche der Kugel $4\pi r^2$ mit dem Radius r proportional. Wenn der magnetische Fluß Φ über die Kugeloberfläche gleichmäßig verteilt ist und die Kugeloberfläche stets senkrecht durchdringt, ist die Flußdichte $\vec{B}$

$$\vec{B} = \frac{\Phi \quad \vec{r}}{4\pi \; r^2 \; r}\,. \tag{1.11}$$

Die magnetische Feldstärke $\vec{H}$ ist über die Konstante μ_0 mit der magnetischen Flußdichte $\vec{B}_0$ verknüpft, es gilt:

$$\vec{B}_0 = \mu_0 \vec{H} \qquad \text{oder} \qquad \vec{H} = \frac{1}{\mu_0} \vec{B}_0 \ . \tag{1.12}$$

Der Index o an der Flußdichte $\vec{B}$ soll andeuten, daß sich keine Materie im Magnetfeld befindet. Die feldverstärkende Wirkung ferromagnetischen Materials soll weiter unten behandelt werden. Im c.g.s.-System hat μ_0 den Wert 1, im praktischen Maßsystem ist

$$\mu_0 = \frac{4\pi}{10} \cdot 10^{-6} \, \frac{\text{Volt sec}}{\text{Amp m}} \ .$$

Die Kraft, die das Feld der Stärke $\vec{H}$ auf die Polstärke Φ ausübt, ist gegeben durch

$$\vec{F} = \Phi \, \vec{H} \ . \tag{1.13}$$

Entsprechend gilt beim elektrischen Feld

$$\vec{F} = e \, \vec{E} \tag{1.14}$$

und beim Gravitationsfeld

$$\vec{F} = m \, \vec{g} \ . \tag{1.15}$$

1.1 Berechnung der Kraft zwischen zwei entgegengesetzt gleich geladenen Platten

Zwei Platten mögen gleiche Größe haben und mit den entgegengesetzt gleichen elektrischen Ladungen + e_1 und - e_1 geladen sein. Jede Platte besitzt zwei Seiten der Fläche A, auf denen sich die Ladung gleichmäßig verteilen möge. Daher ist die Ladungsdichte D_1 auf jeder der beiden Platten:

$$D_1 = \frac{e_1}{2A} \ . \tag{1.16}$$

Die elektrische Feldstärke an der Oberfläche der Platten ist

$$\vec{E} = \frac{e_1}{\varepsilon_0 \, 2A} \, \frac{\vec{A}}{A} \ . \tag{1.17}$$

Dabei stellt der Vektor $\vec{A}$ den Flächenvektor dar, der auf der Fläche der Größe A senkrecht steht und den Betrag A hat. Setzt man beide Platten planparallel dicht nebeneinander, so daß man das Streufeld am Rande der Platten vernachlässigen kann, dann addieren sich die Einzelfeldstärken auf den Oberflächen beider Platten im Plattenzwischenraum und heben sich auf den Außenseiten weg. Die resultierende Feldstärke im Plattenzwischenraum ist

$$\vec{E} = 2\vec{E}_1 \ . \qquad (1.18)$$

Die Kraft, mit der sich beide Platten anziehen ist

$$\vec{F} = e_1 \, \vec{E}_1 \ . \qquad (1.19)$$

Die Ladung e_1 kann substituiert werden nach (1.17) durch

$$e_1 = \varepsilon_0 \, 2A(\vec{E}_1 \cdot \frac{\vec{A}}{A}) . \qquad (1.20)$$

In (1.20) wird $\vec{E}_1$ substituiert nach (1.18), es folgt

$$e_1 = \varepsilon_0 \, (\vec{E} \cdot \vec{A}) . \qquad (1.21)$$

Werden in (1.19) die Ausdrücke für $\vec{E}_1$ (1.18) und für e_1 (1.20) eingesetzt, so folgt

$$\vec{F} = \varepsilon_0 \, A \, \frac{E^2}{2} \, \frac{\vec{A}}{A} \ . \qquad (1.22)$$

Dabei ist $\vec{E}$ die tatsächliche elektrische Feldstärke zwischen diesen Platten. Dieses Gesetz gilt nun ganz allgemein für Kräfte im homogenen elektrischen Felde. Es wurde deswegen hergeleitet, weil sich nun die Herleitung der Kräfte im magnetische Felde leichter verstehen läßt.

1.2 Berechnung der Kraft zwischen zwei planparallelen Magnetpolen entgegengesetzt gleicher Stärke

Betrachtet werden zwei Magnetpole mit entgegengesetzt gleichen Polstärken + Φ_1 und $-\Phi_1$. Ihre Polflächen mögen beide die Fläche A besitzen. Da jeder auf der Oberfläche gedachte Pol aber auch eine dem Eisen zugewandte Seite hat, ist zur Berechnung der Kraftflußdichte auf der Polobefläche die doppelte Fläche, nämlich 2A anzusetzen. Denn wenn man die gedachte "magnetische Ladung" Φ_1 auf dem plattenförmigen Pol verteilt betrachtet, entfällt sie - wie bei der elektrisch geladenen Platte - je zur Hälfte auf Ober- und Unterseite des plattenförmigen Poles. Bei Vernachlässigung der Randeffekte gilt auf der Poloberfläche für die Flußdichte bzw. für die magnetische Feldstärke:

$$\vec{B}_1 = \frac{\Phi_1}{2A}\,\frac{\vec{A}}{A} \quad \text{bzw.} \quad \vec{H}_1 = \frac{\Phi_1}{\mu_0 2A}\,\frac{\vec{A}}{A}\;. \tag{1.23}$$

Diese Idealisierung ist bei exakt aufmagnetisierten ferromagnetischen Materialien recht gut realisiert. Fügt man nun beide Pole bis auf einen planparallelen Luftspalt zusammen - wie auch im Falle des Plattenkondensators -, so addieren sich ihre Feldstärken. Die resultierende Feldstärke $\vec{H}$ ist gleich

$$\vec{H} = 2\vec{H}_1\;. \tag{1.24}$$

Die Kraft des Feldes der Stärke $\vec{H}_1$ auf die Polstärke Φ_1 ist

$$\vec{F} = \vec{H}_1\;\Phi_1\;. \tag{1.25}$$

Aus (1.23 re.) gewinnen wir

$$\Phi_1 = 2A\;\mu_0\,(\vec{H}_1\cdot\frac{\vec{A}}{A})\;. \tag{1.26}$$

Diesen Ausdruck setzen wir nun in (1.25) zusammen mit (1.24) ein und erhalten

$$\vec{F} = \frac{\vec{A}\;\mu_0\;H^2}{2}\;. \tag{1.27}$$

Dabei ist $\vec{H}$ die meßbare magnetische Feldstärke im Spalt zwischen den Polen. Diese Formel (1.27) gilt nun auch für jeden Spalt in einem Ringmagneten, gleichgültig, ob er durch Ströme erregt ist oder aus permanentmagnetischem Material besteht.

1.3 Zusammenstellung der Größen im elektrischen und magnetischen Felde

Im Folgenden sollen nun die Beziehungen für Kräfte, Feldstärken und Konstanten im elektrischen und im magnetischen Felde gegenübergestellt werden. Hinfort wird dann nur noch vom magnetischen Felde die Rede sein. Es ist aber anschaulicher und verständlicher, wenn zunächst beide Felder behandelt werden.

elektrisches Feld	Einheit	magnetisches Feld	Einheit
$\vec{F} = \frac{Q_1 \quad Q_2}{\varepsilon_0 \; 4\pi \; r^2} \frac{\vec{r}}{r}$	[N]	$\vec{F} = \frac{\Phi_1 \quad \Phi_2}{\mu_0 \; 4\pi \; r^2} \frac{\vec{r}}{r}$	[N]
$\vec{E} = \frac{Q}{\varepsilon_0 \; 4\pi \; r^2} \frac{\vec{r}}{r}$	[V/m]	$\vec{H} = \frac{\Phi}{\mu_0 \; 4\pi \; r^2} \frac{\vec{r}}{r}$	[A/m]
$\vec{D}_0 = \frac{Q}{4\pi \; r^2} \frac{\vec{r}}{r}$	[As/m²]	$\vec{B}_0 = \frac{\Phi}{4\pi \; r^2} \frac{\vec{r}}{r}$	[Vs/m²]
$\varepsilon_0 = 0{,}886 \cdot 10^{-11}$	[As/Vm]	$\mu_0 = \frac{4\pi}{10} \cdot 10^{-6}$	[Vs/Am]
Feldstärke im Plattenkondensator mit Plattenabstand d und Spanung U:		Feldstärke einer Luftspule mit dem Strom I und n Windungen und Spulenlänge l:	
$\vec{E} = \frac{U}{d} \frac{\vec{d}}{d}$	[V/m]	$\vec{H} = \frac{I \; n}{l} \frac{\vec{l}}{l}$	[A/m]
Ladungsdichte ohne elektrisch polarisiertes Material:		Flußdichte der Spule ohne ferromagnetisches polarisiertes Material:	
$\vec{D}_0 = \frac{\varepsilon_0 \; U}{d} \frac{\vec{d}}{d}$	[As/m²]	$\vec{B}_0 = \frac{\mu_0 \; I \; n}{l} \frac{\vec{l}}{l}$	[Vs/m²]

Die Bestimmung der Richtung des Feldvektors im magnetischen Felde geschah mithilfe des Einheitsvektors $\vec{l}/l$ und ist eine Hilfslösung. Die exakte Herleitung des magnetischen Feldes geht von einen Vektorpotential aus. Durch das Vektorprodukt mit dem Nablaoperator erhält man für jeden Ort den Feldvektor. Der Nablaoperator ist ein Einheitsvektor mit den Komponenten

$$\nabla = \vec{i}\frac{\partial}{\partial x} + \vec{j}\frac{\partial}{\partial y} + \vec{k}\frac{\partial}{\partial z} \ . \qquad (1.28)$$

Der Vektor des Vektorpotentials $\vec{V}$ hat die Komponenten

$$\vec{V} = \vec{i}\, V_x + \vec{j}\, V_y + \vec{k}\, V_z \ . \qquad (1.29)$$

Der magnetische Feldvektor $\vec{H}$ ergibt sich aus dem Vektorprodukt des Nablaoperators mit dem Vektorpotential $\vec{V}$:

$$\vec{H} = \text{rot}\ \vec{V} = [\nabla \times \vec{V}] \ . \qquad (1.30)$$

Führt man dieses Vektorprodukt aus, so erhält man den folgenden Ausdruck:

$$\vec{H} = \vec{i}\left(\frac{\partial V_z}{\partial y} - \frac{\partial V_y}{\partial z}\right) + \vec{j}\left(\frac{\partial V_x}{\partial z} - \frac{\partial V_z}{\partial x}\right) + \vec{k}\left(\frac{\partial V_y}{\partial x} - \frac{\partial V_x}{\partial y}\right) \ . \qquad (1.31)$$

Für das elektrische Feld erhält man den Feldvektor $\vec{E}$ aus dem skalaren Produkt des Nablaoperators mit dem Potential U:

$$\vec{E} = \text{grad}\ U = (\nabla\ U) \ . \qquad (1.32)$$

Für die nachfolgenden Betrachtungen zu Stabilitätsfragen ist die Divergenz eines Vektorfeldes wichtig. Die Divergenz ergibt sich aus dem skalaren Produkt des Nablaoperators mit dem Feldvektor, ist also selbst eine skalare Größe. Für das elektrische Feld ergibt sich:

$$\text{div}\ \vec{E} = (\nabla\cdot(\nabla\ U)) = (\nabla\cdot\vec{E}) = \Delta U \ . \qquad (1.33)$$

Ausgeschrieben ergibt sich:

$$\text{div}\ \vec{E} = \frac{\partial^2 U}{\partial x^2} + \frac{\partial^2 U}{\partial y^2} + \frac{\partial^2 U}{\partial z^2} = \frac{\partial E_x}{\partial x} + \frac{\partial E_y}{\partial y} + \frac{\partial E_z}{\partial z} = \frac{\rho}{\varepsilon_0} \ . \qquad (1.34)$$

In Worten: Die Divergenz des elektrischen Feldes ist gleich der Raumladungsdichte ρ dividiert durch die Konstante ε_0. Da es aber keine einzelnen magnetischen Ladungen gibt, hat im magnetischen Felde die Bedingung div $\vec{B}$ = O für Stabilitätsbetrachtungen eine wichtige Bedeutung. Ausgeschrieben lautet diese Beziehung:

$$\text{div}\ \vec{B} = \frac{\partial B_x}{\partial x} + \frac{\partial B_y}{\partial y} + \frac{\partial B_z}{\partial z} = 0 \ . \qquad (1.35)$$

Vor der Behandlung von Stabilitätsfragen möge zunächst der Begriff des Potentials erläutert werden. Hierzu wird eine Übersicht über die Ausdrücke des Potentials im Erdfeld, im elektrischen und im Magnetfeld gegeben.

Erdfeld	elektrisches Feld	Magnetfeld
$\int (\vec{g}\cdot d\vec{h}) = U$ $[m^2/s^2]$	$\int (\vec{E}\cdot d\vec{s}) = U$ [Volt]	$\int (\vec{H}\cdot d\vec{s}) = I$ [Ampere]
Energie im Potential, bezeichnet mit E		
$E = m\,U$ $E = m\int (\vec{g}\cdot d\vec{h})$ [Nm] = [VAs]	$E = Q\,U$ $E = Q\int (\vec{E}\cdot d\vec{s})$ [VAs]	$E = \Phi\, I$ $E = \Phi\int (\vec{H}\cdot d\vec{s})$ [VAs]
Ableitungen		
$\vec{i}\,\frac{dU}{dh} = \vec{g}$	$\vec{i}\,\frac{dU}{dx} = \vec{E}$	$\vec{H} = \frac{1}{4\pi}\,\mathrm{rot}\int I\,\frac{d\vec{s}}{r}$

Für eine Masse, elektrische Ladung oder magnetische Polstärke, die durch ein Gravitationsfeld, elektrisches Feld oder Magnetfeld getragen wird, liegt Stabilität in einer Dimension vor, wenn die zweite Ableitung des Potentials nach dem Weg positiv ist. Ist diese Ableitung negativ, liegt Instabilität vor, ist sie gleich 0, so besteht Indifferenz. Die Bedingung, daß die Gewichtskraft durch eine entgegengerichtete Kraft kompensiert wird, reicht für einen Schwebezustand keineswegs aus. Vielmehr muß bei Auslenkung aus der Sollage eine rücktreibende Kraft auftreten, welche den schwebenden Körper wieder in die Gleichgewichtslage zurückbringt. Die begriffliche Dimension des Begriffs Potential ist in den drei Feldtypen verschieden, aber ganz analog gebildet:

$$\frac{\text{Energie}}{\text{Masse}} \qquad \frac{\text{Energie}}{\text{Ladung}} \qquad \frac{\text{Energie}}{\text{Polstärke}} \;.$$

1.4 Stabilitätsfragen

In einfacher Betrachtungsweise gibt es drei verschiedene Zustände der Lage eines Körpers in einem Potential U(x): 1. stabil, 2. indifferent und 3. instabil. Diese drei Zustände sind in der nachfolgenden Abb. 1.1 dargestellt.

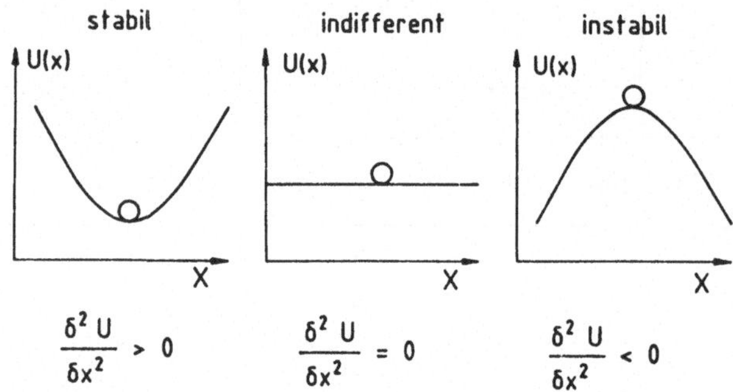

Abb. 1.1. Die drei Möglichkeiten der Lage werden durch die zweite Ableitung des Potentials nach dem Ort klassifiziert. Positive 2. Ableitung bedeutet Stabilität, negative 2. Ableitung bedeutet Instabilität, und wenn die 2. Ableitung gleich Null ist, liegt Indifferenz vor.

Die 2. Ableitung des Potentials nach dem Ort kann auch Null sein, wenn ein Wendepunkt oder ein Minimum einer Kurve höheren als dritten Grades vorliegt. Die Krümmung der Kurve des Potentialverlaufes ist dort Null. Ein Wendepunkt in der Kurve des Potentialverlaufes markiert die Grenze des stabilen Bereiches, nämlich des Bereiches der Stabilität gegen äußere Kräfte. Der Bereich der Stabilität gegen lokale Versetzungen reicht weiter, und zwar bis zu der Stelle, wo die 1. Ableitung des Potentials nach dem Ort zu Null wird. Dies ist in Abb. 1.2 dargestellt.

Die Unterscheidung dieser zwei Bereiche der Stabilität - Stabilität gegen äußere Kräfte bzw. Stabilität gegen Versetzungen - ist äußerst wichtig. Denn die Höhe des Potentials über dem Minimum gibt den Energiebetrag an, der maximal dem System zugeführt werden darf, ohne daß es den stabilen Bereich verläßt. Dort, wo die 2. Ableitung des Potentials eine Nullstelle hat, liegt das Maximum der in die Ruhelage rücktreibenden Kraft. Diese maximale rücktreibende Kraft darf von äußeren Kräften nur äußerst kurzzeitig überschritten werden. Hier tritt als Sicherung die zweite Grenze ein, womit die dem System zugeführte Energie begrenzt ist. In Kapitel 2 (Permanentmagnetisches Schweben) wird hiervon noch die Rede sein.

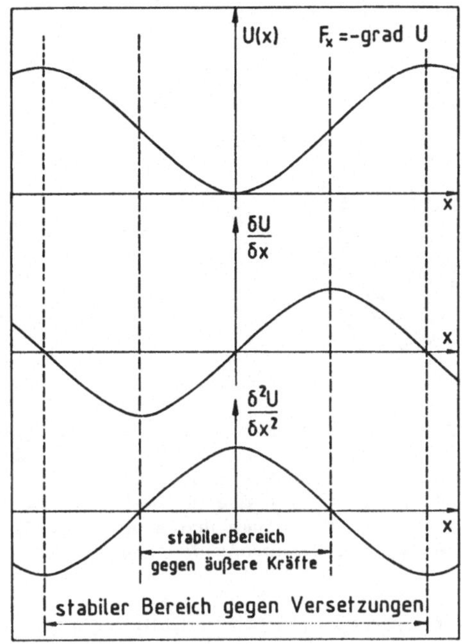

Abb. 1.2. Verlauf eines Potentials U(x) mit 1. und 2. Ableitung nach der Auslenkung x. Der Bereich der Stabilität gegen äußere Kräfte reicht bis zu den Nullstellen der 2. Ableitung des Potentials U nach der Auslenkung x (unten). Der Bereich der Stabilität gegen Versetzungen aus der Ruhelage (x = 0) reicht bis zu den Nullstellen der 1. Ableitung des Potentials U nach der Auslenkung x (in der Mitte).

An dem bekannten Beispiel eines Radsatzes im Eisenbahngeleise sollen die Grenzen der Stabilität erläutert werden. Hierzu dient Abb. 1.3. Die maximal mögliche Seitenkraft F_x, die auf den Radsatz bei guter Schmierung wirken darf, ist gegeben durch die Beziehung

$$m\ g \cos \alpha = F_x \sin \alpha \ . \tag{1.36}$$

Je kleiner nun α wird, desto größer darf die maximale auslenkende Kraft sein. Um das Material zu schonen, hat α einen Wert von etwa 20°. Das hieße, daß das 2,75 fache der Radsatzlast als maximale Transversalkraft zulässig wäre. Da aber die Spurkränze nur in Ausnahmefällen geschmiert werden, ist ein weitaus geringerer Wert zulässig. Er beträgt etwa 2/3 dieses Wertes. Durch Reibungshaftung kann nämlich der Spurkranz an der Schienenflanke aufklettern. Die Höhe des Spurkranzes gibt schließlich die maximale Transversalenergie an, die pro Radsatz nicht überschritten werden darf. So wie beim Eisenbahnfahrzeug mit Rad/Schiene Technik bestehen in ganz ähnlicher Weise auch Stabilitätsgrenzen bei Fahrzeugen mit der Technik des Magnetischen Schwebens.

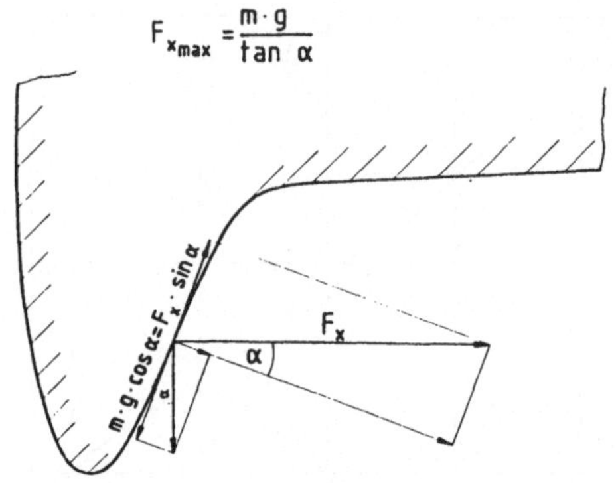

Abb. 1.3. Profil eines Eisenbahnrades mit Kräftegleichgewicht der Tangentialkräfte am Spurkranz. Die maximal zulässige Seitenkraft F_x wird in Normal- und Tangentialkomponente zerlegt, ebenso die Gewichtskraft m g, mit welcher der Radsatz in das Geleise gedrückt wird. Hierdurch läßt sich die maximal zulässige Seitenkraft für einen geschmierten Spurkranz bestimmen. Für einen ungeschmierten Spurkranz muß sie wesentlich kleiner sein, da dann der Spurkranz auf der Flanke der Schiene aufklettern kann.

Diese Einführung in die physikalischen Grundlagen des Magnetischen Schwebens möge jetzt genügen. Wer sich umfangreicher über die physikalischen Grundlagen orientieren möchte, kann dies anhand zahlreicher Lehrbücher tun. Es soll davon abgesehen werden, einige dieser Bücher zu zitieren, denn dadurch würden bestimmte Lehrbücher hervorgehoben und andere, meist genauso gute, hintangestellt werden.

Eine solche Einführung schien aber nötig, weil sie in so geraffter Form sonst nirgends zu finden ist. Außerdem hat der Leser die Grundlagen jederzeit zur Hand, wenn er bei der Lektüre auf ein grundsätzliches Problem stößt.

1.5 Kombinationsmöglichkeiten verschiedener Wechselwirkungen zu magnetischen Schwebesystemen mit gemischten Eigenschaften

Es sollte nicht vergessen werden, daß das jetzt zur Anwendungsreife gelangte Magnetbahn-System eine von vielen Kombinationsmöglichkeiten darstellt. Grundsätzlich ist zu unterscheiden zwischen den folgenden drei Grundtypen des magnetischen Schwebens, die in drei Kapiteln dieses Buches behandelt werden:

1. elektromagnetisches Schweben (EMS), behandelt in Kapitel 3,
2. permanentmagnetisches Schweben (PMS), behandelt in Kapitel 2,
3. elektrodynamisches Schweben (EDS), behandelt in Kapitel 4.

Das EMS wurde deswegen zuerst genannt, weil es als erstes untersucht wurde [3.1],[3.2]; und schließlich gelangte es auch als erstes zum Einsatz. Die Kräftewirkungen bei den drei verschiedenen Arten basieren auf den folgenden Erscheinungen:

1. Polarisierung ferromagnetischen Materials infolge erregender Magnetfelder verbunden mit einer aus der Erregung folgenden Verstärkung des primären erregenden Feldes und der sich daraus ergebenden anziehenden Kräfte.

2. Abstoßung ungleichnamiger Pole mit konstanter magnetischer Polarisierung.

3. Induktion sekundärer Ströme in elektrisch leitfähigen nichtmagnetischen Materialien.

Diese drei Wechselwirkungen können nun einzeln, paarweise kombiniert oder auch sogar - was prinzipiell möglich ist - alle drei gemeinsam wirken. Bekannt sind folgende Kombinationen:

1. Permanentmagnetische Entlastung beim elektrodynamischen Schweben,
2. elektromagnetische Entlastung beim elektrodynamischen Schweben,
3. elektrodynamisches Schweben mit Hilfe von Permanentmagneten.

In den Fällen 1 und 2 kann man auch von elektrodynamischer Stabilisierung sprechen. Daß es noch weitaus mehr Kombinationsmöglichkeiten gibt, zeigt der weiter unten aufgeführte Verzweigungsbaum. Dabei wurde noch eine Unterteilung nach normalleitenden und supraleitenden Spulen vorgenommen. Weiter stellt der Ersatz einer supraleitenden Spule durch einen Permanentmagneten keinen prinzipiellen Unterschied dar.

Beim magnetischen Schweben gibt es aktive und passive Elemente. Aktive Elemente sind:

a) Permanentmagnet,
b) stromdurchflossene Leiter mit oder ohne feldverstärkendes Eisen.

Passive Elemente sind:

1) polarisierbares ferromagnetisches Material zum Kurzschließen magnetischer Spannungen,
2) elektrisch leitfähiges Material, in dem sekundäre Ströme durch zeitlich oder örtlich veränderliche Magnetfelder induziert werden können.

Es versteht sich, daß zwei passive Elemente nicht miteinander in Wechselwirkung treten können. Nun kann entweder die Spur und das Fahrzeug aktiv sein (Beispiel: permanentmagnetisches Schweben), es können aber auch Fahrzeug oder Spur entweder aktiv oder passiv sein. Der folgende Verzweigungsbaum möge die vielen Möglichkeiten aufzeigen.

Ein entsprechender Eigenschaftsbaum ergibt sich für die Spur. Aus der Kombination von 7 mal 7 Eigenschaften von Spur und Fahrzeug ergeben sich 49 Kombinationsmöglichkeiten, von denen 33 eine Wechselwirkung aufweisen. Das elektromagnetische Schweben (EMS) ist nur eine dieser 33 Kombinationsmöglichkeiten. Mischformen haben sich jedoch nicht beim magnetischen Schweben durchgesetzt.

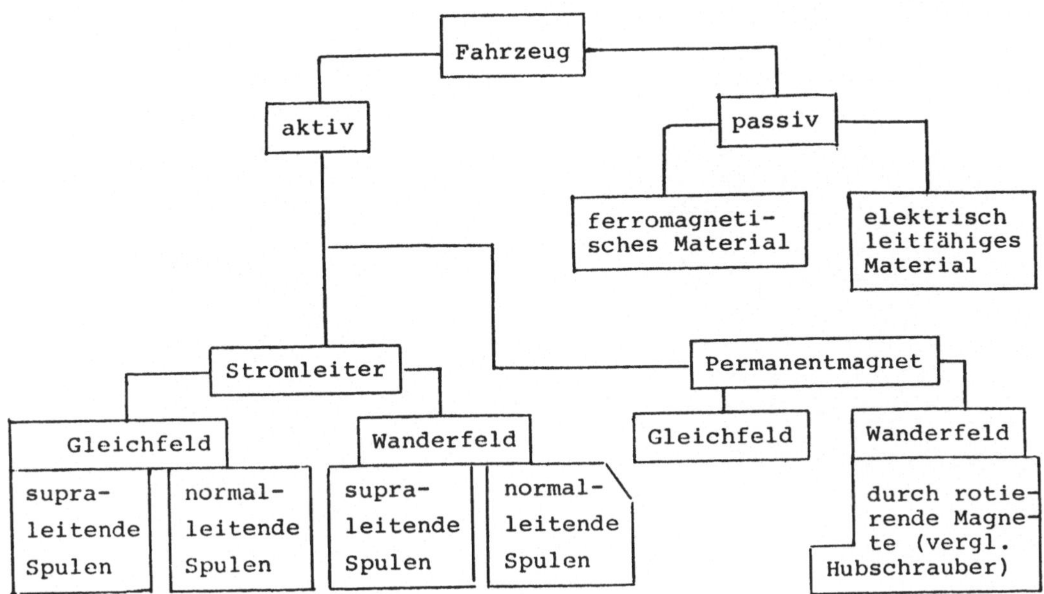

Abb. 1.4. Eigenschaftsstammbaum des Fahrzeugs beim magnetischen Schweben. Wenn rotierende Permanentmagnete ausgeschlossen werden, ergeben sich entweder für das Fahrzeug oder aber für die Spur 7 Möglichkeiten, zwei davon sind passiv. Für die Spur ergeben sich gleich viel Möglichkeiten. Es entstehen durch Kombination 33 mehr oder weniger sinnvolle Möglichkeiten des magnetischen Schwebens. Supraleitende Spulen in der Trasse sind zu aufwendig. Rotierende Permanentmagnete wären eine interessante Variante.

2 Permanentmagnetisches Schweben

2.1 Herleitung der Kraftgesetze zwischen zwei in Bahnrichtung langgestreckten magnetischen Dipollatten

Da es keine separaten magnetischen Ladungen gibt, muß beim permanentmagnetischen Schweben stets mit magnetischen Dipolen gearbeitet werden. Im Folgenden sollen die Kräfte abgeleitet werden, welche langgestreckte lattenförmige magnetische Dipole aufeinander ausüben, wenn diese zentriert übereinanderstehen. Wegen der beliebig langen Ausdehnung in Bahnrichtung kann von einer Zylindergeometrie ausgegangen werden. Das heißt, daß die Feldstärken der einzelnen Pole der Dipole mit 1/r abfallen. Abbildung 2.1 zeigt zwei übereinanderstehende Dipollatten.

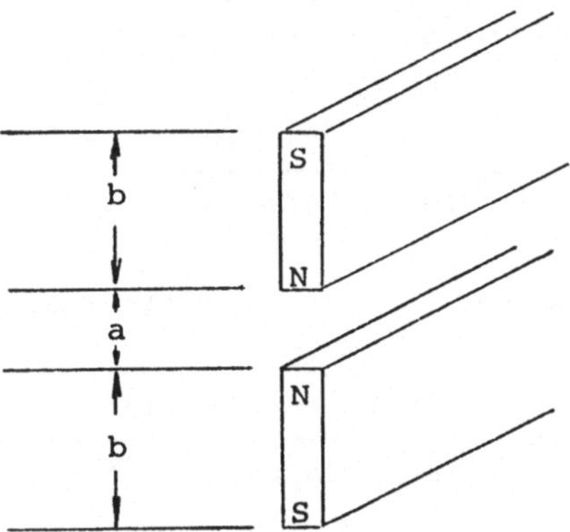

Abb. 2.1. Anordnung zweier zentriert übereinanderstehender magnetischer Dipollatten. Zwischen den 4 Polen der beiden Dipole treten 4 Wechselwirkungen auf, 2 davon sind anziehend und 2 wirken abstoßend. Die abstoßende Wirkung überwiegt.

Es wird vorausgesetzt, daß die Polstärken der 4 magnetischen Pole alle gleich sind. Das vereinfacht die Rechnung. Die jeweilige Polstärke sei Φ. Die jeweilige Kraft zwischen einzelnen Polen ist dann

$$F = \frac{\Phi^2}{\mu_0 \, 2\pi \, l \, r} \, . \tag{2.1}$$

Da in der nachfolgenden Rechnung die Größen Φ, μ_0 und 1 konstant bleiben, wird die Konstante c eingeführt:

$$c = \frac{\Phi^2}{\mu_0 \; 2\pi \; l} \; . \qquad (2.2)$$

Die resultierende Kraft F, mit der sich die zentriert übereinanderstehenden Dipollatten abstoßen, ist dann:

$$F = c \left(\frac{1}{a} + \frac{1}{a + 2b} - \frac{1}{a + b}\right) . \qquad (2.3)$$

Wenn dieser Ausdruck für F auf einen Nenner gebracht wird, folgt

$$F = \frac{c \cdot 2b^2}{a^3 + 3a^2b + 2ab^2} \; . \qquad (2.4)$$

Diese Gleichung (2.4) ist exakt gültig. Um Gesetzmäßigkeiten zu erkennen, sollen nun zwei extreme Fälle betrachtet werden, wobei bestimmte Vernachlässigungen möglich sind. Wenn b gegen a sehr klein ist, z.B. a = 10 Längeneinheiten, b = 1 Längeneinheit, kann das Glied $2ab^2$ im Nenner von (2.4) vernachlässigt werden. Der Fehler beträgt dann 1,5 %. Um einzelne Glieder mit verschiedenen Abhängigkeiten von a und b zu erhalten, wird die vereinfachte rechte Seite von (2.4) mit $(a^3 - 3a^2b)$ erweitert:

$$F/c = \frac{2b^2 \quad (a^3 - 3a^2b)}{(a^3 + 3a^2b)(a^3 - 3a^2b)} \; . \qquad (2.5)$$

Nun wird die rechte Seite von (2.5) nochmals erweitert und zwar mit $(a^6 + 9a^4b^2)$:

$$F/c = \frac{(2a^3b^2 - 6a^2b^3)(a^6 + 9a^4b^2)}{(a^6 - 9a^4b^2) \quad (a^6 + 9a^4b^2)} \; . \qquad (2.6)$$

Nach Ausmultiplizieren von Zähler und Nenner in (2.6) folgt

$$F/c = \frac{2a^9b^2 - 6a^8b^3 + 18a^7b^4 - 54a^6b^5}{a^{12} - 81a^8b^4} \; . \qquad (2.7)$$

Wenn, wie oben schon gesagt, a = 10, b = 1 ist, kann im Nenner von (2.7) der Term $81a^8b^4$ gegen a^{12} vernachlässigt werden, wobei der Fehler nur 1 % beträgt. Es folgt

$$F/c = \frac{2b^2}{a^3} - \frac{6b^3}{a^4} + \frac{18b^4}{a^5} - \frac{54b^5}{a^6} \; . \qquad (2.8)$$

Bei a = 10, b = 1 beträgt das 3. Glied in (2.8) nur noch 10 % der Gesamtsumme. Es besteht also hauptsächlich eine Abhängigkeit der Kraft reziprok zur 3. Potenz des Abstandes der Dipollatten. Wiederum steigt die Kraft mit der 2. Potenz der Plattenhöhe, wenn beide Dipolplatten in gleichem Maße anwachsen. Wächst nur eine Plattenstärke an, so nimmt die Kraft innerhalb der gültigen Grenzen der Vernachlässigung linear mit der Plattenstärke zu. Dabei sind die Proportionen aus Abb. 2.1 entsprechend geändert vorzustellen. Wenn a nicht mehr groß gegen b ist, gelten andere Gesetze. In (2.4) sind dann keine Vernachlässigungen mehr möglich.

Wenn a = b ist, bringt eine Verdoppelung von b einen Kraftzuwachs von nur 60 %, eine Verdreifachung nur einen Kraftanstieg um 93 %. Bei einseitiger Verdoppelung bzw. Verdreifachung liegen die Kraftanstiegswerte bei 25 % bzw. 35 %. Die Erhöhung der Tragkraft ist dann sehr gering, und der Aufwand kann, auch wenn nur die Fahrbahnmagnete verstärkt werden, kaum als lohnend bezeichnet werden.

Ein anderer Extremfall, der den Proportionen in Abb. 2.1 nahekommt, liegt vor, wenn a klein gegen b ist. Hierbei kann die anziehende Wirkung der jeweiligen Gegenpole fast vernachlässigt werden. Aufgrund der Zylindergeometrie dürfte eine 1/r-Abhängigkeit der Kraft resultieren. Doch es soll der exakte Weg der Herleitung von (2.4) beschritten werden. Wenn a = 1, b = 10 ist, kann das Glied a^3 im Nenner der rechten Seite von (2.4) vernachlässigt werden. Der Fehler beträgt dann 1/230. Vereinfachend kann dann geschrieben werden

$$F/c = \frac{2b^2}{3a^2b + 2ab^2} \quad . \tag{2.9}$$

Es wird erweitert mit $(-3a^2b + 2ab^2)$ und nochmal mit $(4a^2b^4 + 9a^4b^2)$. Es folgt dann

$$F/c = \frac{16a^3b^8 - 24a^4b^7 + 36a^5b^6 - 54a^6b^5}{16a^4b^8 - 81a^8b^4} \quad . \tag{2.10}$$

Für a = 1, b = 10 kann $81a^8b^4$ gegen $16a^4b^8$ vernachlässigt werden. Der Fehler beträgt dann 0,05 %. Es folgt

$$F/c = \frac{1}{a} - \frac{3}{2b} + \frac{9a}{4b^2} - \frac{27a^2}{8a^3} \quad . \tag{2.11}$$

Das Einsetzen der Werte a = 1, b = 10 ergibt gute Übereinstimmung mit (2.4). Wir haben so die beiden Extremfälle, die 1/r-Abhängigkeit und die $1/r^3$-Abhängigkeit gefunden. Die $1/r^2$-Abhängigkeit resultiert für den Fall kurzer Dipol über langem Dipol.

In der folgenden Tabelle sind die Kraftwirkungen und Feldabfälle für verschieden gestaltete Dipole zusammengestellt.

1. Pol	Feldabfall	2. Pol	Feldabfall	Kraftwirkung
Dipolplatte 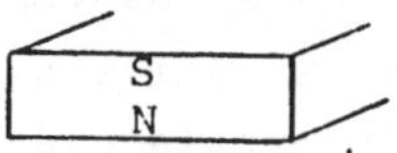 S N	$1/r$	 langer Pol N	$1/r^2$	$1/r$ im Nahbereich $1/r^2$ im Fernbereich
Dipolplatte 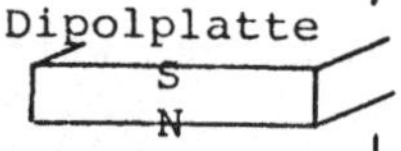 S N	$1/r$	Dipolplatte 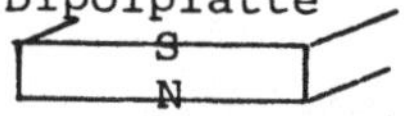 S N	$1/r$	Fern- $1/r^3$ Nahber. $1/r$
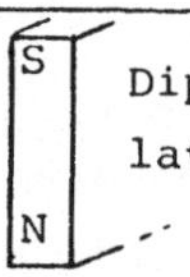 S Dipol-latte N	$1/r^2$	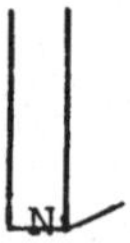 langer Pol N	$1/r^2$	Fern- $1/r^2$ Nahber. $1/r$
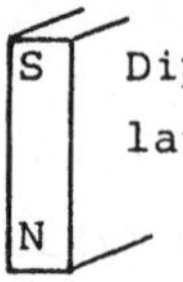 S Dipol-latte N	$1/r^2$	 S kurzer Dipol N	$1/r^3$	Fern- $1/r^3$ Nahber. $1/r^2$
 S kurzer Dipol N	$1/r^3$	 S kurzer Dipol N	$1/r^3$	Fern- $1/r^4$ Nahber. $1/r$

Die Kraft zwischen Pol 1 und Pol 2 fällt mit den negativen Potenzen aus der letzten Spalte ab.

2.2 Herleitung der Kraft eines stabförmigen magnetischen Dipols auf einen punktförmigen Pol im Halbraum oberhalb des Dipols

In Kapitel 2.1 wurden Dipole betrachtet, die zentriert übereinander standen. Jetzt soll die Abhängigkeit der abstoßenden Kraft im ganzen Halbraum über dem Dipol hergeleitet werden. Zur Vereinfachung gehen wir davon aus, daß der Gegenpol des Poles Φ weit genug entfernt ist und daher seine Wirkung vernachlässigbar ist. Diesmal soll aber kein lattenförmiger Dipol betrachtet werden, der in Bahnrichtung beliebig lang ausgedehnt ist, sondern ein stabförmiger Dipol. Deswegen liegt jetzt keine Zylindergeometrie vor, sondern eine Kugelgeometrie. Die Herleitung für eine Zylindergeometrie könnte der Leser dann selber als Übungsaufgabe durchführen. Es soll gezeigt werden, daß der Kraftabfall im Fernfeld der Kugelgeometrie mit $1/r^3$ verläuft, anstelle von $1/r^2$ im Falle der Zylindergeometrie. Auf diesen Unterschied kommen wir bei der Behandlung der Stabilitätsfragen in Kapitel 2.3 noch zurück. Die der folgenden Rechnung zugrundeliegende geometrische Anordnung ist in Abb. 2.2 dargestellt. Die Polstärken des Dipols seien Φ_1 im Abstand d, der Dipol steht senkrecht.

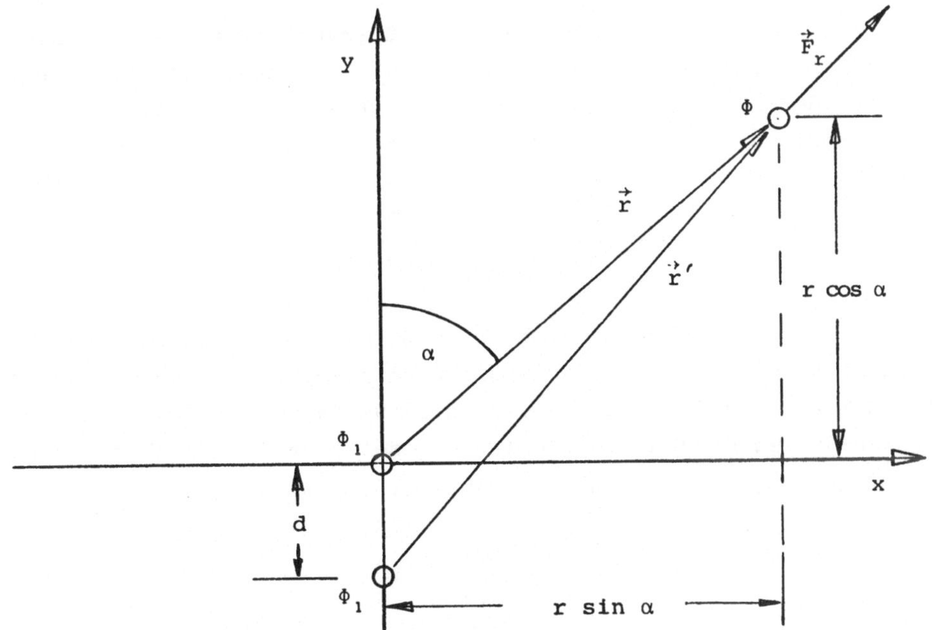

Abb. 2.2. Skizze zur Herleitung der Kraft eines stabförmigen magnetischen Dipols auf die Probepolstärke Φ, deren Gegenpol weit genug entfernt ist und daher vernachlässigt werden kann. Der Abstand der Pole des Dipols d sei klein gegen den Abstand r vom Probepol. Die wirkende Kraft wird mit $\vec{F}_r$ bezeichnet.

Die resultierende Kraft auf den Pol Φ ergibt sich aus der Differenz der beiden Kräfte der beiden Pole des Dipols auf den Pol Φ. Es gilt

$$F_r = \frac{\Phi_1 \, \Phi}{\mu_0 \, 4\pi} \left(\frac{1}{r^2} - \frac{1}{(r \cos \alpha + d)^2 + r^2 \sin^2 \alpha} \right) . \tag{2.12}$$

Der Term vor der Klammer auf der rechten Seite von (2.12) wird im Folgenden mit c bezeichnet. Diese Konstante c hat hier aber einen anderen Wert als in Kapitel 2.1. Für Zylindergeometrie ist diese Konstante durch 2l zu dividieren. Wenn der Klammerausdruck in (2.12) gleichnamig gemacht wird, folgt

$$F_r/c = \frac{(r \cos \alpha + d)^2 + r \sin^2\alpha - r^2}{r^2[(r \cos \alpha + d)^2 + r^2 \sin^2\alpha]} . \tag{2.13}$$

Wenn Zähler und Nenner der rechten Seite von (2.13) ausmultipliziert werden, folgt

$$F_r/c = \frac{\overline{r^2 \cos^2\alpha} + 2r\, d \cos \alpha + d^2 + \overline{r^2 \sin^2\alpha} - \overline{r^2}}{r^4 + 2r^3 d \cos \alpha + r^2 d^2} . \tag{2.14}$$

Da $\cos^2\alpha + \sin^2\alpha = 1$ ist, heben sich die überstrichenen Glieder des Zählers der rechten Seite von (2.14) weg. Beim Ausmultiplizieren des Nenners der rechten Seite von (2.13) entstanden die Terme $r^4 \cos^2\alpha + r^4 \sin^2\alpha$. Dies ergab r^4. Es folgt nunmehr

$$F_r/c = \frac{2r\, d \cos \alpha + d^2}{r^4 + 2r^3 d \cos \alpha + r^2 d^2} . \tag{2.15}$$

Bis hierhin ist die Gleichung exakt gültig. Um aber Abhängigkeiten zu erkennen, ist es nötig, Vernachlässigungen anzubringen. Wenn z.B. $r = 100\, d$ ist, kann im Zähler der rechten Seite von (2.15) der Term d^2 vernachlässigt werden. Der Fehler beträgt dann 0,5 %. Ebenso kann im Nenner der Term $r^2 d^2$ vernachlässigt werden. Es folgt dann

$$F_r/c = \frac{2d \cos \alpha}{r^3 + 2r^2 d \cos \alpha} . \tag{2.16}$$

Läßt man im Nenner der rechte Seite von (2.16) für $r = 100\, d$ einen Fehler von 2 % zu, so kann das Glied $2r^2 d \cos \alpha$ vernachlässigt werden. Es folgt

$$F_r/c = 2d \cos \alpha / r^3 . \tag{2.17}$$

Nach Einsetzen des Faktors c aus (2.12) folgt das Fernfeld des magnetischen Dipols

$$F_r = \frac{\Phi_1\ \Phi\ 2d\ \cos\ \alpha}{\mu_0\ 4\pi\ r^3} \quad \text{und} \quad H = \frac{\Phi_1\ 2d\ \cos\ \alpha}{\mu_0\ 4\pi\ r^3}\ . \quad (2.18)\ \text{und}\ (2.19)$$

Auch hier haben wir wieder wie schon in Kapitel 2.1. eine $1/r^3$-Abhängigkeit für die Kraft erhalten. Dies liegt daran, daß wir von der Zylindergeometrie zur Kugelgeometrie, dafür aber von einem Probe-Dipol zu einem Probe-"Monopol" übergegangen sind. Naturgemäß gibt es keinen Monopol, aber man kann die Bedingungen so gestalten, daß ein sehr langer Dipol wie ein "Monopol" wirkt. Für Anwendungen des permanentmagnetischen Schwebens wird man fast ausschließlich an den Nahfeldern interessiert sein. Hierfür wird auf die exakte (2.15) verwiesen. Der Exkurs in die Fernfelder sollte zeigen, wie stark die Kraftwirkungen mit der Entfernung abnehmen. Berechnungen der Kräfte in permanentmagnetischen Schwebesystemen wird man in der Regel numerisch auf einem Rechner anstellen. Die wechselwirkenden Dipolplatten werden dann im Rechenmodell in viele nebeneinander stehende Dipollatten zerlegt, und die resultierenden Kräfte werden aufsummiert.

Im folgenden Abschnitt 2.3. soll aber dennoch erst einmal analytisch verfahren werden, weil hierdurch besser Gesetzmäßigkeiten erkennbar werden. Legt man zwei einander abstoßende Dipolplatten übereinander, so kann in der vertikalen Dimension ein stabiler Schwebezustand erreicht werden. Transversal ist das System jedoch hochgradig instabil. Die Überlegung geht nun dahin, durch eine Anordnung von drei Magnetpolen einen Zustand zu erreichen, bei dem entweder Indifferenz in allen drei Raumrichtungen resultiert, oder aber schwache Stabilität in der Vertikalen, schwache Instabilität in der Transversalrichtung und sinnvollerweise Indifferenz in Bahnrichtung. Diese Schwebekonfiguration ist mit Dipolplatten verifizierbar [2.1] [2.2], doch soll sie rechnerisch mit langen Dipolen verifiziert werden, deren jeweiliger Gegenpol in seiner Wirkung vernachlässigbar ist. Die Herleitung des Feldabfalles eines magnetischen Dipolfeldes im Fernbereich in diesem Kapitel war keineswegs nur von akademischem Interesse. Wenn ein Schwebefahrzeug mit permanenten Magneten Personen befördern soll, die z.B. gegen äußere Magnetfelder empfindliche Uhren tragen, wird die Frage des Feldabfalles des Dipolfeldes durchaus wichtig.

2.3 Herleitung der Grenzbereiche der Stabilität gegen äußere Kräfte und der Stabilität gegen Versetzung für 1/r und 1/r² Feldabfall

Mit einer Anordnung von zwei Punktpolen ist kein indifferenter oder schwach stabiler bzw. schwach instabiler Schwebezustand möglich. Diese Anordnung ist in einer Dimension sehr stabil, in den beiden anderen Dimensionen äußerst instabil. Permanentmagnetische Schwebesysteme bedürfen daher der Stabilisierung in mindestens einer Dimension durch Stabilisierungsvorrichtungen. Ein völlig freies magnetostatisches Schweben ist - bei Abwesenheit von diamagnetischen und supraleitenden Materialien [2.3] [2.4] [2.5]- deswegen unmöglich, weil es nicht gelingt, durch freischwebende Stromleiter die Bedingung der Quellenfreiheit des Magnetfeldes zu verändern. Es gilt somit

$$\operatorname{div} \vec{B} = \frac{\partial B_x}{\partial x} + \frac{\partial B_y}{\partial y} + \frac{\partial B_z}{\partial z} = 0 \quad , \tag{2.20}$$

vergleiche (1.35).

Wenn entlang der ganzen Bahn $B_s = 0$ sein soll, damit sich ein Fahrzeug entlang der Bahnrichtung s an jeder Stelle in s-Richtung im indifferenten Zustand befindet, wie auch ein Wagen auf einer waagerechten ebenen Bahn, folgt

$$\frac{\partial B_s}{\partial s} = 0 \qquad \text{und} \qquad \frac{\partial B_x}{\partial x} + \frac{\partial B_y}{\partial y} = 0 \quad . \tag{2.21}$$

In Worten: Entweder ist das Schwebesystem in allen drei Dimensionen indifferent oder aber in einer Dimension stabil, in der zweiten instabil und in der dritten Dimension indifferent. Da die vertikalen Kräfte meist viel größer sind als die transversalen Störkräfte, wird in der Regel die vertikale Dimension für die Stabilität bevorzugt und für die transversale Dimension die Instabilität in Kauf genommen. Es gibt aber auch eine dritte Möglichkeit, nämlich Indifferenz in allen drei Raumrichtungen. Im Falle der Indifferenz, wenn die zweite Ableitung des Potentials gleich Null wird, genügen sehr kleine Stabilisierungskräfte, um Auslenkungen aus der Sollage bzw. aus der Sollbahn eines in relativer Ruhe oder im Zustand langsamer Bewegung befindlichen Schwebesystems zu korrigieren. Zur Stabilisierung bietet sich das noch in Kapitel 4 zu behandelnde elektrodynamische System an, das ohne permanentmagnetische Entlastung mit einem hohen Energieverlust in den Reaktionsschienen durch die nötigen induzierten Wirbelströme belastet ist. Doch kommen wir nun zur Herleitung der verschiedenen Bereiche der Stabilität.

Wenn es auch unpraktikabel ist, in der Praxis mit so langen Dipolmagneten zu arbeiten, daß die Wirkung der jeweiligen Gegenpole vernachlässigt werden kann, so soll doch aus Gründen der Vereinfachung der Rechnung von diesem Falle ausgegangen werden. Denn ein System mit drei Punktpolen bzw. in Bahnrichtung langgestreckten Linienpolen läßt sich analytisch wesentlich leichter behandeln als ein System, das aus drei entsprechenden Dipolen besteht. Ein solches System kann experimentell untersucht werden, und man kann die Bereiche der Stabilität in einer entsprechenden Meßanordnung für Vertikal- und Transversalkräfte bestimmen [2.2]. Die beiden Fälle von Punkt- und Linienpolen sollen hier zugleich behandelt werden, indem für den Exponenten des Feldabfalles n eingesetzt wird. Nach der Herleitung kann für die Linienpole n = 1 eingesetzt werden und für die Punktpole n = 2. Wie aus der nachfolgenden Abb. 2.3 hervorgeht, befindet sich der Pol mit der Polstärke Φ_3 über den beiden gleich starken Polen mit den Polstärken $\Phi_1 = \Phi_2$. Die von den beiden Polen Φ_1 und Φ_2 auf den Pol Φ_3 gerichteten Radialkräfte seien F_{r1} und F_{r2}. Zur Vereinfachung der Rechnung werden wieder Konstanten eingeführt, und zwar c_1 für n = 1 und c_2 für n = 2. Die Konstanten lauten

$$c_1 = \frac{1}{\mu_0} \Phi_3 \Phi_1 \frac{1}{4\pi} \qquad \text{und} \qquad c_2 = \frac{1}{\mu_0} \Phi_3 \Phi_1 \frac{1}{2\pi l} \; . \tag{2.22}$$

Die Abstände der Pole Φ_1 und Φ_2 zum Pol Φ_3 werden mit r_1 und r_2 bezeichnet. Für die Radialkräfte ergeben sich dann folgende Gleichungen:

$$\vec{F}_{r1} = c_{1,2} \frac{1}{r_1^n} \frac{\vec{r}}{r} \qquad \text{und} \qquad \vec{F}_{r2} = c_{1,2} \frac{1}{r_2^n} \frac{\vec{r}}{r} \; . \tag{2.23}$$

Um diese Radialkräfte vektoriell addieren zu können, müssen sie laut folgender Zeichnung nach x- und y-Komponenten zerlegt werden. Es ergeben sich die Beziehungen für die Kraftkomponenten

$$F_x = F_{r1} \cos \alpha_1 - F_{r2} \cos \alpha_2 \qquad F_y = F_{r1} \sin \alpha_1 + F_{r2} \sin \alpha_2 \; .$$

Für die Winkel α_1 und α_2 gelten die Beziehungen (2.24)

$$\sin \alpha_1 = y/r_1 \, , \qquad \cos \alpha_1 = \frac{a + x}{r_1} \tag{2.25}$$

und

$$\sin \alpha_2 = y/r_2 \, , \qquad \cos \alpha_2 = \frac{a - x}{r_2} \; . \tag{2.26}$$

Diese Beziehungen gehen aus der umseitig folgenden Abb. 2.3 hervor.

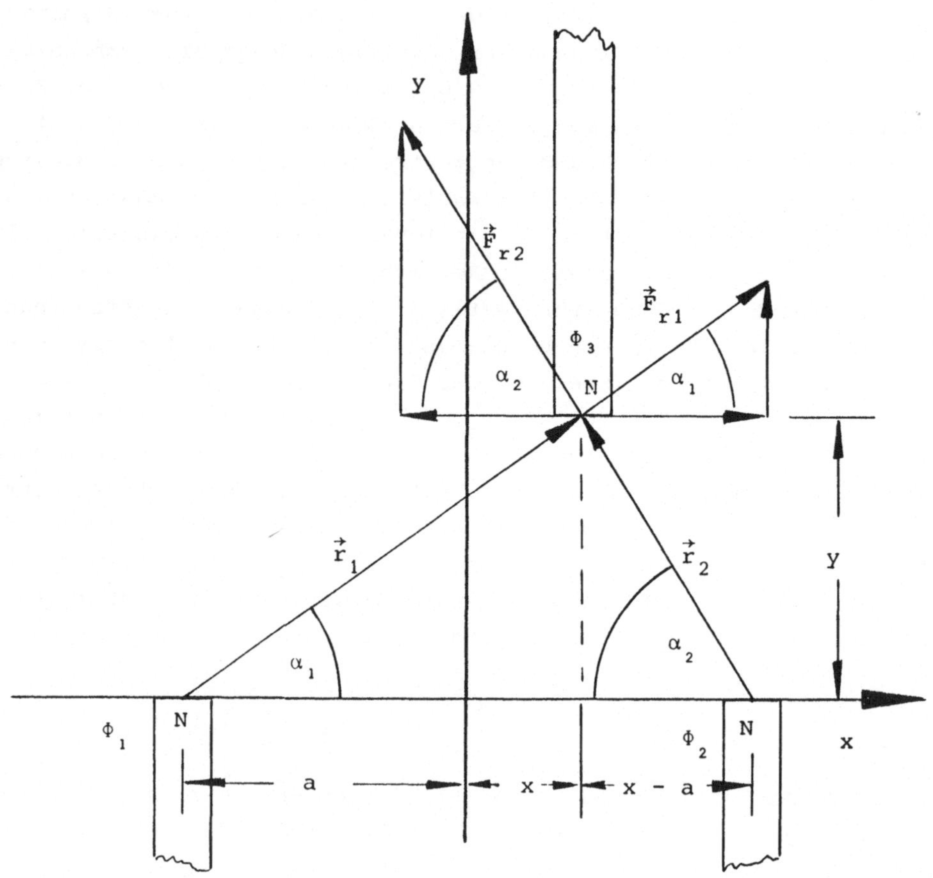

Abb. 2.3. Skizze zur Herleitung der resultierenden Kraft der beiden Pole Φ_1 und Φ_2 auf den Pol Φ_3. Die Abstandsvektoren sind $\vec{r}_1$ und $\vec{r}_2$. Der Abstand der beiden unteren Pole beträgt 2a. Bei allen drei Polen sei der jeweilige Gegenpol soweit entfernt, daß seine Wirkung vernachlässigt werden kann. Die auf den dritten Pol wirkenden Radialkräfte der beiden unteren Pole werden nach Komponenten zerlegt und aufsummiert.

Nach dem Einsetzen von (2.33), (2.25) und (2.26) in (2.24) folgt

$$F_x = c_{1,2}\left(\frac{1}{r_1^n}\,\frac{a+x}{r_1} - \frac{1}{r_2^n}\,\frac{a-x}{r_2}\right) \tag{2.27}$$

und

$$F_y = c_{1,2}\left(\frac{1}{r_1^n}\,\frac{y}{r_1} + \frac{1}{r_2^n}\,\frac{y}{r_2}\right) . \tag{2.28}$$

Nach Vereinfachen der Ausdrücke folgt

$$F_x = c_{1,2}\left(\frac{a+x}{r_1^{n+1}} - \frac{a-x}{r_2^{n+1}}\right) \qquad F_y = c_{1,2}\left(\frac{y}{r_1^{n+1}} + \frac{y}{r_2^{n+1}}\right) . \tag{2.29}$$

Nun werden r_1 und r_2 durch x, y und a ausgedrückt:

$$r_1 = [(a + x)^2 + y^2]^{1/2} \qquad r_2 = [(a - x)^2 + y^2]^{1/2} . \tag{2.30}$$

Nach Einsetzen der Beziehungen (2.30) in die Gleichungen (2.29) folgt

$$F_x = c_{1,2} \left(\frac{a + x}{[(a + x)^2 + y^2]^{(n+1)/2}} - \frac{a - x}{[(a - x)^2 + y^2]^{(n+1)/2}} \right)$$

und (2.31)

$$F_y = c_{1,2} \left(\frac{y}{[(a + x)^2 + y^2]^{(n+1)/2}} + \frac{y}{[(a - x)^2 + y^2]^{(n+1)/2}} \right) .$$

(2.32)

Für n = 1 werden die Ausdrücke (2.31) und (2.32) sehr vereinfacht. Es folgt

$$F_x = c_1 \left(\frac{a + x}{(a + x)^2 + y^2} - \frac{a - x}{(a - x)^2 + y^2} \right) . \tag{2.33}$$

Mithilfe (2.33) ist es möglich, den geometrischen Ort für $F_x = 0$ zu finden. F_x wird gleich Null, wenn die große Klammer von (2.33) zu Null wird. Es folgt

$$(a + x)[(a - x)^2 + y^2] = (a - x)[(a + x)^2 + y^2] . \tag{2.34}$$

Nach dem Ausmultiplizieren heben sich einige Glieder weg, und es folgt

$$2x^3 + 2xy^2 - 2a^2x = 0 \quad \text{und schließlich} \quad x^2 + y^2 = a^2 . \tag{2.35}$$

In Worten: Der geometrische Ort für $F_x = 0$ liegt auf einem Kreise mit dem Radius a um den Koordinatennullpunkt. Das Auffinden des geometrischen Ortes für $\partial F_x/\partial x = 0$ geschieht sinnvollerweise numerisch. Die Ergebnisse sind in den nachfolgenden Abbildungen 2.4 und 2.5 dargestellt. Zunächst soll der Fall n = 2 betrachtet werden, also der Fall dreier Punktpole. Die Grenzkurven der Stabilität sind hierfür in Abb. 2.4 dargestellt. Führt man den Probepol Φ_3 von großem y-Wert bei konstantem x-Wert bis y = 0, so wächst die abstoßende magnetische Kraft bis zu einem Scheitelpunkt, der auf der punktierten Linie liegt, fällt stetig bis y = 0 auf den Wert 0 ab und fällt von dort aus stetig weiter zu negativen Werten. Für $y \leqq 0$ ist keine Abstoßung mehr in y-Richtung vorhanden. Der Bereich der Stabilität gegen äußere Kräfte in y-Richtung erstreckt sich von großen y-Werten bis zum Schnittpunkt mit der punktierten Linie $\partial F_y/\partial y = 0$. Unter dieser punktierten Linie bis zur x-Achse ist nur noch Stabilität gegen Versetzungen gegeben. D.h., ein gewichtloses Schwebesystem würde bei Auslenkung bis zur x-Achse in die Sollage zurückgetrieben werden. Verschiebt man in Abb. 2.4 den Probepol innerhalb des von der x-Achse und der kurzgestrichelten Linie $F_x = 0$ umrandeten Gebietes, ausgehend von einem Punkte auf der y-Achse parallel zur x-Achse, so wächst die rücktreibende Kraft in x-Richtung an, bis sie auf der langgestrichelten Kurve $\partial F_x / \partial x = 0$ ihr Maximum erreicht, fällt bis zum Schnittpunkt mit der kurzgestrichelten Kurve $F_x = 0$ ab auf den Wert 0 und wird für größere x-Werte negativ. Der Bereich der Stabilität gegen äußere Kräfte wird von der langgestrichelten Kurve $\partial F_x / \partial x = 0$ begrenzt, der Bereich der Stabilität gegen Versetzungen wird von der kurzgestrichelten Kurve $F_x = 0$ umschlossen. Bei n = 2, also Feldabfall mit $1/r^2$, - und auch hinunter bis n > 1 - liegt der interessante Fall vor, daß von der Kurve $\partial F_x/\partial x = 0$ (langgestrichelt) und von der Kurve $\partial F_y/\partial y = 0$ (punktiert) ein Bereich umrandet wird, in dem Stabilität gegen äußere Kräfte sowohl in x-Richtung als auch in y-Richtung gegeben ist. Dafür aber besteht in s-Richtung Instabilität. Eine solche Anordnung ist für ein magnetisches Lager verwendbar. Die Stabilität in s-Richtung wird dann durch eine gelenkige mechanische Verbindung hergestellt. In diesem Zusammenhang mögen nur die magnetisch gelagerten Zentrifugen der Isotopen-Trennanlage in Almelo/Niederlande erwähnt werden.

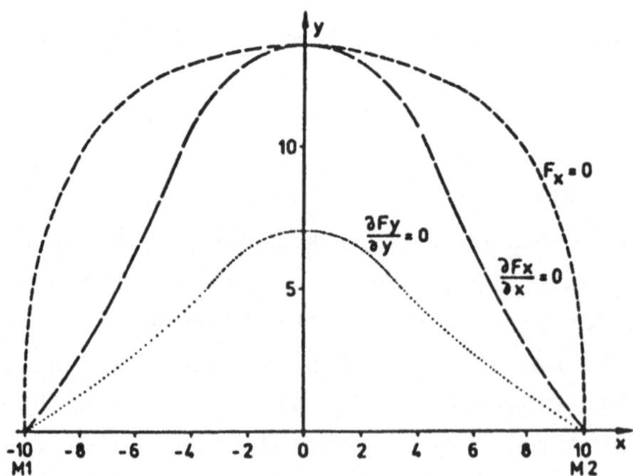

Abb. 2.4. Grenzkurven der stabilen Bereiche der 3-Pol-Schwebeanordnung für n = 2 ($1/r^2$-Feldabfall). Abstand der punktförmigen Pole M_1 und M_2 2a = 20 Einheiten. Zwischen den Kurven $\partial F_x/\partial x = 0$ und $\partial F_y/\partial y = 0$ besteht Stabilität in beiden Dimensionen, dafür aber besteht Instabilität in s-Richtung. Stabilität gegen Versetzungen innerhalb der kurzgestrichelten Linie $F_x = 0$ und der x-Achse. Es wurde von sehr langen Dipolen ausgegangen, so daß die Wirkung der jeweiligen Gegenpole vernachlässigbar ist.

Geht man zu einem in Bahnrichtung ausgedehnten Tragsystem über, d. h. zu n = 1, so zeigt sich, wie in Abb. 2.5 zu sehen ist, daß der gemeinsame Bereich der Stabilität gegen äußere Kräfte in x- und y-Richtung zu einer Linie entartet ist, auf der Indifferenz gegen äußere Kräfte besteht. Wegen der Bedingung div B = O ist auch nichts anderes als Indifferenz in allen drei Raumrichtungen zu erwarten. Die Sollage eines Schwebefahrzeuges muß auf der y-Achse geringfügig über dem Schnittpunkt der Kurve $\partial F_x/\partial x = \partial F_y/\partial y = 0$ (strichpunktiert) liegen, weil in dem genannten Schnittpunkt der Kurve mit der Y-Achse die Kraft F_y einen Sattelpunkt hat und das System durch diesen Paß durchfallen könnte, wenn F_y die Sattelpunkthöhe erreicht und geringfügig überschreitet. In diesem Sattelpunkt besteht Indifferenz in allen drei Raumrichtungen, x, y, und s. (Ein Sattelpunkt im Potential würde Stabilität in einer Richtung und Instabilität in einer zweiten Dimension bedeuten.) Durch die eben beschriebene Indifferenz brauchen die Rückstellkräfte, die bei Ruhe bzw. geringer Bewegung zum Rücktreiben in die Sollage benötigt werden, nur äußerst gering zu sein. Dann dürfen freilich keine großen Störkräfte auf das System einwirken.

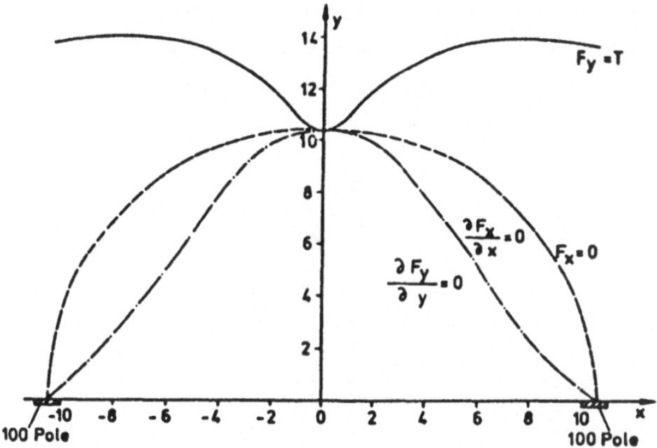

Abb. 2.5. Grenzkurven der stabilen Bereiche (entartet) bei endlich breiten und in Bahnrichtung beliebig lang ausgedehnten Tragmagneten. Der Feldabfall verläuft mit 1/r (n = 1). Da das System in Bahnrichtung ausgedehnt ist und div B = O gilt, gibt es keinen gemeinsamen Bereich der Stabilität in x- und y-Richtung. Es wurde wieder von sehr langen Dipolen ausgegangen, so daß die Wirkung der jeweiligen Gegenpole vernachlässigbar ist. Dieser Fall mag unrealistisch sein, ermöglicht aber eine leichtere analytische Behandelung des Problems. Über den Grenzkurven ist die Kurve konstanter maximal zulässiger Tragkraft $F_y = T$ aufgetragen.

Im Kapitel 2.4 soll die Frage der permanentmagnetischen Materialien behandelt werden. Es sei nur hier schon gesagt, daß die verwendeten Magnete in ihrer Magnetisierung sehr dauerhaft sein müssen.

Der Zustand der Indifferenz in allen drei Raumrichtungen, wie er in Abb. 2.5 gezeigt wurde, läßt sich experimentell auch mit Dipolplatten verifizieren. Allerdings ist in einer solchen Dipolplatten-Anordnung der örtliche Bereich des Umschlagens von Stabilität in Instabilität sehr klein. Mit magnetischen Dipolplatten aus Koerox 330 K wurde eine magnetische Rinne in einem stumpfen Winkel von 145° gebildet, die in Bahnrichtung so lang ausgedehnt war, so daß Endeffekte vernachlässigt werden konnten. Über der Rinne wurde ein Schwebe-Dipolmagnet positioniert, und mit Kraftmessern wurden die Vertikal- und Transversalkräfte gemessen. Den Querschnitt durch die Schwebeanordnung mit Dipolplatten zeigt Abb. 2.6. In der gestrichelten Position resultiert in x-Richtung (transversale) Stabilität. Bei einer maximalen abstoßenden Kraft von 6 N beträgt die Stabilität $\partial F_x/\partial x = -1$ N/cm. In der ausgezogenen Position besteht Instabilität in x-Richtung. Der Betrag von $\partial F_x/\partial x$ ist hier gleich groß, doch das Vorzeichen hat gewechselt. Zwischen beiden Positionen, der gestrichelten und der ausgezogenen, ist der Ort der Indifferenz in allen drei Raumrichtungen zu finden. In der gestrichelten Position ist naturgemäß eine durchaus große abstoßende Kraft in y-Richtung zu finden, sie ist sogar genauso groß wie in der ausgezogenen Position (6 N), nur hat $\partial F_y/\partial y$ zwischen beiden Positionen sein Vorzeichen gewechselt. Die gestrichelt gezeichnete Position des Schwebemagneten ist in y-Richtung instabil, die ausgezogene Position in y-Richtung stabil.

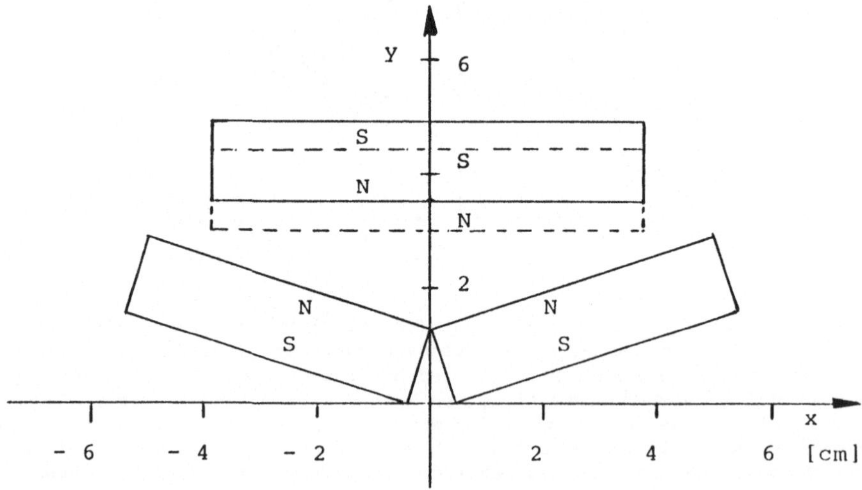

Abb. 2.6. Querschnitt durch eine Schwebeanordnung aus Dipolplatten. Auch in dieser Anordnung aus Dipolplatten existiert der Ort der Indifferenz in allen drei Raumrichtungen. In der ausgezogenen Position der oberen Dipolplatte besteht Stabilität in y-Richtung und Instabilität in x-Richtung. In der gestrichelten Position ist es umgekehrt. Dazwischen befindet sich der Ort der Indifferenz in allen drei Raumrichtungen.

Zum Abschluß möge eine Übersicht über die verschieden Kombinationsmöglichkeiten der Stabilität in den drei Raumrichtungen gegeben werden. Da die auf einen Probepol wirkende Kraft der magnetischen Feldstärke direkt proportional ist, geben die Differentialquotienten des Magnetfeldes auch schon Auskunft über die Differentialquotienten der Kraft. Die Differentialquotienten des Feldes verändern sich in gleichem Maße wie die Differentialquotienten der Kraft, nur mit entgegengesetztem Vorzeichen. Denn laut Abb. 1.2 ist $\vec{F}$ = - grad U. Entsprechendes gilt auch für das Vektorpotential, aus dem durch Vektorprodukt mit dem Nablavektor der Vektor des magnetischen Feldes abgeleitet wird. Das Problem der Stabilität in Feldern wurde bereits 1842 von S. Earnshaw [2.6] behandelt. Wenn also die Differentialquotienten $\partial B_x/\partial x$ bzw. $\partial B_y/\partial y$ positiv sind, liegt Stabilität in der jeweiligen Richtung vor, sind diese negativ, so liegt Instabilität in der entsprechenden Richtung vor. Da div B = O gilt, ergeben sich für die drei Richtungen x, y und s folgende Kombinationmöglichkeiten:

Fall	x-Richtung	y-Richtung	s-Richtung
(I)	$\frac{\partial B_x}{\partial x} > 0$ stabil	$\frac{\partial B_y}{\partial y} > 0$ stabil	$\frac{\partial B_s}{\partial s} < 0$ instabil
(II.1)	$\frac{\partial B_x}{\partial x} > 0$ stabil	$\frac{\partial B_y}{\partial y} < 0$ instabil	$\frac{\partial B_s}{\partial s} = 0$ indifferent
(II.2)	$\frac{\partial B_x}{\partial x} < 0$ instabil	$\frac{\partial B_y}{\partial y} > 0$ stabil	$\frac{\partial B_s}{\partial s} = 0$ indifferent
(II.3)	$\frac{\partial B_x}{\partial x} = 0$ indifferent	$\frac{\partial B_y}{\partial y} = 0$ indifferent	$\frac{\partial B_s}{\partial s} = 0$ indifferent

Der Fall (I) ist nur für ein magnetisches Lager denkbar. Bevorzugt wird für das magnetische Schweben meist Fall (II.2). Die transversale Stabilität wird durch Leitrollen oder durch elektrodynamische Abstoßungskräfte bewerkstelligt. Interessant ist aber auch der Fall (II.3). Hier genügen sehr kleine Rückstellkräfte, wenn Störkräfte klein sind.

2.4 Permanentmagnetische Materialien und Entmagnetisierungskurven

Um die Eigenschaften guter permanentmagnetischer Materialien zu verstehen, soll zunächst der Vorgang der Magnetisierung und der Entmagnetisierung erläutert werden. In einem Kristallit eines ferromagnetischen Materials sind die Atome meist schon so angeordnet, daß die unbabgesättigten Elektronen- und Bahnspins parallel stehen. Ein Elektron, das eine Bahn um den Atomkern beschreibt, stellt einen magnetischen Dipol dar, denn es existiert ein Kreisstrom, ein Kreisleiter, ebenso verhält es sich mit dem Elektron selber. Da das Elektron eine Ausdehnung hat und keine elektrische Punktladung darstellt und das Elektron auch selber rotiert - daher die Bezeichnung Elektronen-Spin - , stellt auch jedes rotierende Elektron einen Kreisleiter dar, in dem ein Strom fließt, also einen magnetischen Dipol. Magnetische Materialien zeichnen sich dadurch aus, daß die einzelnen magnetischen Dipole des Atoms sich in ihrem Gesamtmoment nicht zu Null aufheben. Unabgesättigt heißt hier, daß ein von Null verschiedenes Gesamtmoment resultiert. Abbildung 2.7 zeigt die so bezeichneten Weißschen Bereiche eines Eisens. Im Falle a) ganz links ist der Kristallit aus vier Bereichen nach außen magnetisch neutral, denn die Bereiche sind gleich groß und entgegengesetzt magnetisiert. Gerät dieses Material nun in ein magnetisches Feld, so bewirkt das äußere Feld ein Wandern der Magnetisierungsgrenzen. Der Kristallit ist nach außen nicht mehr magnetisch neutral, Fall b). Die nächste Stufe ist die, daß einzelne Bereiche in ihrer Polarisation umklappen,Fall c). Schließlich, im Falle der Sättigungsmagnetisierung sind alle Bereiche dem äußeren Felde parallel gerichtet, Fall d). Darüber hinaus gibt es keine weitere Magnetisierung [2.7],[2.8],[2.9].

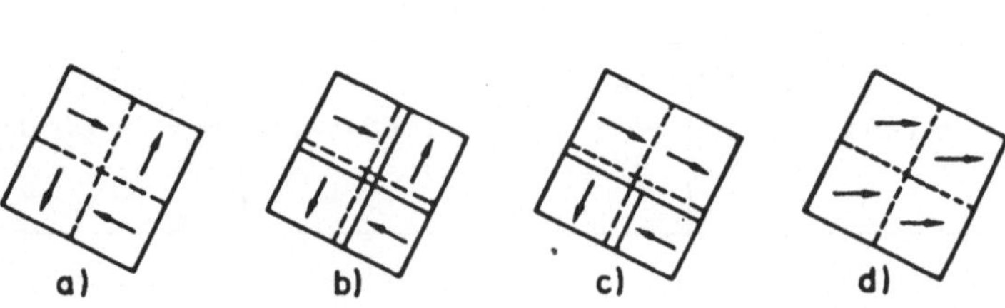

Abb. 2.7. Orientierung der Magnetisierung in einem ferromagnetischen Kristallit. Von links nach recht: a) Der Kristallit ist nach außen hin neutral. b) Die Grenzen der Bereiche verschieben sich, es ergibt sich makroskopisch eine kleine Magnetisierung. c) Die Magnetisierung eines Bereiches ist um 90° umgeklappt, die Magnetisierung ist noch lange nicht gesättigt. d) Die Polarisierung ist vollständig parallel zum äußeren Felde. Es ist keine weitere Polarisierung mehr möglich, es besteht Sättigung.

Das Umklappen der Orientierung der Bereiche zeigt nun je nach Material mehr oder minder große Hystereseeffekte. D.h., ist erst einmal ein Bereich umgeklappt, so bedarf es eines mehr oder minder großen Gegenfeldes, um den Bereich wieder zurückzuklappen. Hierin unterscheiden sich die ferromagnetischen Materialien sehr stark. Abb. 2.8 zeigt die prinzipielle Magnetisierungskurve eines ferromagnetischen Materials. In der Abszisse ist das polarisierende Feld $\vec{H}$ aufgetragen und in der Ordinate die Magnetisierung $\vec{B}$. Für ein unmagnetisiertes Material beginnt die Magnetisierung am Punkt a, im unmagnetischen Zustand. Es folgt die Neukurve b bis zur magnetischen Sättigung am Punkte c. Wird nun das äußere Feld wieder verringert, so läuft die Magnetisierung auf der oberen Kurve zurück und erreicht bei dem äußeren Felde O auf der B-Achse den Wert $\vec{B}_r$, die remanente Magnetisierung. Um einen Magneten benutzen zu können, muß die Magnetisierung auch bei einem Gegenfelde aufrecht erhalten bleiben, z.B. am Punkte A_D, dem Arbeitspunkt des Dauermagneten. Wird von außerhalb des Arbeitspunktes das äußere Feld auf Null gebracht und dann wieder auf den ursprünglichen Wert, so entstehen die Rücklaufkurven d. Ist das Gegenfeld so groß, daß die Magnetisierung verschwindet, dann ist die Koerzitivfeldstärke $\vec{H}_c$ erreicht.

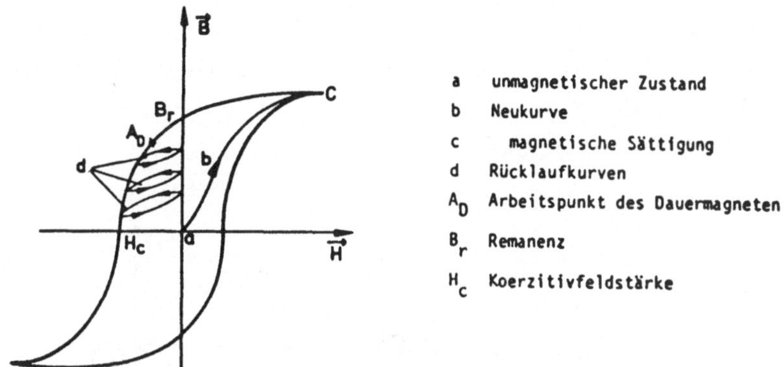

Abb. 2.8. Magnetisierungskurve eines ferromagnetischen Materials ohne Skalierung der Achsen. Die Magnetisierung beginnt im Punkte a über die Kurve b bis zur Sättigung in c. Bei Abschalten des äußeren Feldes bleibt die Remanenz B_r. Im Arbeitspunkt A_D kann der Magnet als Dauermagnet verwendet werden. Die Feldstärke H_c ist erforderlich, um die Magnetisierung aufzuheben, sie heißt Koerzitivfeldstärke.

Die Koerzitivfeldstärke ist nun eine sehr wichtige Größe für Dauermagnete. Beste Dauermagnete haben Koerzitivfeldstärken um 1 Tesla [T], während Schmiedeeisen nur eine solche von 0,003 T ≙ 3 Gauß aufweist.

In einer Zusammenstellung sollen einige Materialien mit ihren Koerzitivfeldstärken und ihren möglichen Arbeitspunkt-Feldstärken gegenübergestellt werden. Dieser Vergleich soll dann anhand der Abbildungen 2.9 und 2.10 fortgeführt werden.

		Arbeitspunkte bei:
Schmiedeeisen	0,0003 T	-
Alnico	0,060 T	0,05 T
Koerox 330 K	0,40 T	0,35 T
Sm Co_5	1,60 T	1,45 T

Bei der nun folgenden Abb. 2.9 ist zu unterscheiden zwischen der Magnetisierung des Materials $\vec{I}(\vec{H})$ und dem resultierenden Feld $\vec{B}(\vec{H})$. Es gilt die Beziehung

$$\vec{B}(\vec{H}) = \mu_0\vec{H} + \vec{I}(\vec{H}) \quad , \tag{2.36}$$

wobei das äußere Feld der Polarisierung entgegengerichtet ist. Bei Abwesenheit eines äußeren Feldes geht die Flußdichte an der Oberfläche des polarisierten Materials auf den Wert der jeweils oberen Kurve in Abb. 2.9 zurück. Die obere Kurve zeigt die Polarisierung des Materials $\vec{I}(\vec{H})$, die untere geradlinige das resultierende Feld $\vec{B}(\vec{H})$, wobei das äußere Feld der Polarisierung entgegengerichtet ist. Sehr deutlich ist der Unterschied im Verhältnis von Remanenz zu Koerzitivfeldstärke bei Koerox 330 K und bei $SmCo_5$ zu sehen. Die Remanenz des hochwertigen Materials ist 3 mal so groß wie die von Koerox 330 K, die Koerzitivfeldstärke aber 4 mal so groß.

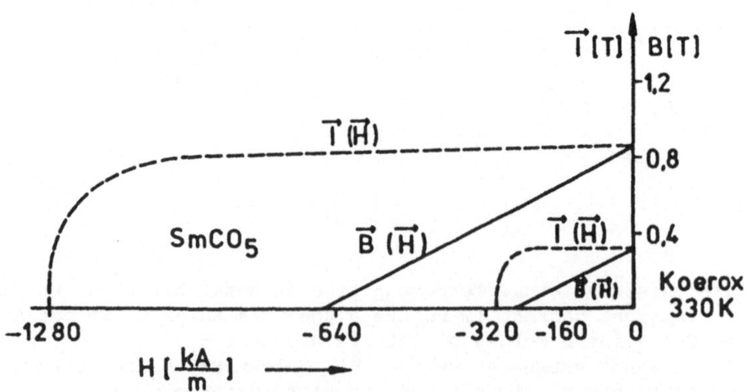

Abb. 2.9. Entmagnetisierungskurven von Sm Co_5 und Koerox 330 K. Die gestrichelten Kurven stellen die verbleibende Magnetisierung des Materials dar, die ausgezogenen Geraden die Differenzen zum Gegenfeld. Bei hohem Gegenfeld findet fast kein Verlust der Polarisierung statt. $1280 (kA/m)\mu_0 = 1{,}6$ T = Koerzitivfeldstärke von Sm Co_5. Das teure Material hoher Koerzitivfeldstärke erweist sich zum Schluß als das billigste.

In Abb. 2.10 wird die Entmagnetisierung von Koerox 330 K mit derjenigen von Alnico verglichen. Hier ist im Gegensatz zu Abb. 2.9 keine Polarisierung eingezeichnet, sondern nur die Summe aus Polarisierung und Gegenfeld. Es fällt auf, daß die Kurve für Koerox 330 K eine Gerade ist, es findet also kein Verlust an Magnetisierung statt. Die Kurve für Alnico hingegen beginnt links der B-Achse bereits mit einer Krümmung. D.h., daß das geringste Gegenfeld schon einen Verlust an Polarisierung mit sich bringt. Dieses Material ist für Zwecke des magnetischen Schwebens völlig ungeeignet.

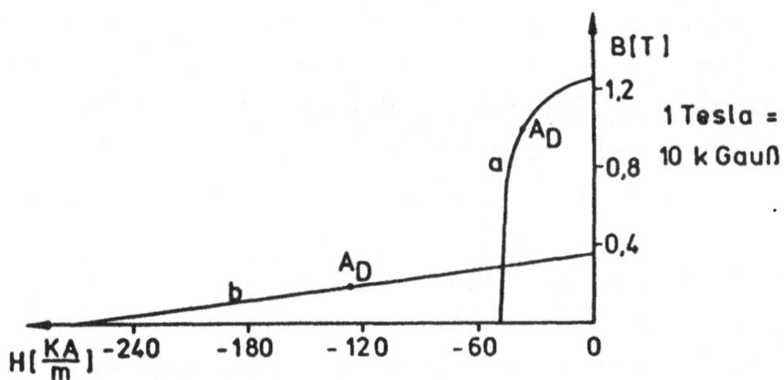

Abb.2.10. Entmagnetisierungskurven von Alnico 500 (a) und von Koerox 330 K (b). Mit A_D sind die möglichen Arbeitspunkte der Dauermagnete bezeichnet. Alnico 500 dürfte als weicher Dauermagnet bezeichnet werden müssen. Koerox 330 K gehört schon zu den harten Dauermagneten, denn in einem Gegenfeld bleibt die vorhandene Polarisierung bis etwa 0,25 T erhalten.

Vor etwa 10 Jahren noch galt $SmCo_5$ als zu teuer. Heute aber hat sich die Ansicht durchgesetzt, daß dieses Material in einer zu bauenden Schwebeanordnung letztendlich billiger wird als Koerox 330 K. Man denke nur daran, daß die abstoßende Kraft quadratisch mit der Polarisierungsfeldstärke anwächst, das Gewicht der Magnete aber annähernd gleich ist. Im Falle des teuren Materials heißt das, daß bei gleichem Magnetgewicht die 9fache Abstoßungskraft erreichbar ist. Hinzu kommt noch eine längere Gebrauchsdauer, da Samarium Kobalt fünf noch ein härterer Dauermagnet ist als Koerox 330 K.

Im nächsten Abschitt 2.5 soll nun von einigen Ausführungsvorschlägen für das permanentmagnetische Schweben die Rede sein. Die wenigsten Vorschläge betrachten dabei ein völlig freies Schweben ohne mechanische Führungen. Auch die als M-Bahn bekannte Anwendung ist im genauen Sinne der Definition des Schwebens keine Schwebebahn, aber eine 90 bis 110-prozentige Entlastung des Gewichtes senkt den Lärmpegel mit vergleichbaren U-Bahn-Zügen um mindestens 12 dB(A). Das ist ein großer Erfolg!

2.5 Ausführungsformen permantmagnetischer Schwebeeinrichtungen

Über die bekannteste Ausführungsform des permanentmagnetischen Schwebens, die M-Bahn, gibt es viele Publikationen in Fachzeitschriften [2.10], [2.11]. Ihr wesentliches Merkmal ist der Langstatorantrieb mit Wanderfeldwickelungen in der Trasse. Auf diese Antriebsform kommen wir noch in Kapitel 5. Antriebsfragen zurück. Die M-Bahn ist - wie schon gesagt wurde - im strengen Sinne der Definition des Schwebens keine Schwebebahn. (So ist auch die Wuppertaler Schwebebahn keine solche, sondern eine hängende Einschienenbahn.) Es möge aber erwähnt werden, daß durch die 90- bis 110-prozentige Entlastung des Gewichtes der Fahrzeuge der M-Bahn neben einer Verringerung des abgestrahlten Lärms - im Vergleich mit einem U-Bahnzug gleichen Fassungsvermögens an Fahrgästen - auch eine erhebliche Energieeinsparung durch Verringerung der Rollreibungskräfte durch die genannte magnetische Entlastung, vor allem aber durch die sehr leichte Bauweise der passiven Fahrzeuge ermöglicht wird. Diese leichte Bauweise wird erst durch den Antrieb in der Trasse möglich. Der vergleichbare Energieeinsatz ist bei der M-Bahn etwa halb so groß wie bei einem entsprechenden U-Bahnzug. Und es ist schwer verständlich, warum es Stimmen gibt, die sich gegen diese Magnetbahn-Technologie wenden. Die Verringerung des Lärms der Pariser Metro (RATP) durch Gummibereifung wurde erkauft mit einem erheblich erhöhten Energieeinsatz und einem beachtlichen Reifenverschleiß, der auch noch gesundheitsschädigenden Staub erzeugt. Diese Nachteile bei der Lärmverminderung bringt die M-Bahn nicht mit sich. Ganz im Gegenteil wird der Verschleiß an Rädern (Rollen) und Schienen erheblich vermindert. Wenn erst einmal die Vorteile dieses neuen Systems M-Bahn hinreichend bekannt sind, wird es nicht lange dauern, bis im Zuge der Erneuerung besonders oberirdische Strecken der Untergrundbahnen, in der Regel Hochbahnstrecken, auf die M-Bahn-Technik umgestellt sein werden.

Die M-Bahn stellt einen vernünftigen Kompromiß zwischen herkömmlicher und neuer Technik dar, sie ist sozusagen ein Zwitter, denn diese Bahn benötigt noch Räder. Ein in vertikaler Richtung stabiles permanentmagnetisches Schwebesystem würde ja auch ein Zwitter sein müssen, nämlich zwischen permanentmagnetischem System und elektrodynamischen bzw. elektromagnetischem Schwebesystem zur transversalen Stabilisierung. So viele neue Komponenten sind jedoch für die Einführung einer neuen Bahn-Technologie meist hinderlich. Trotzdem mögen nun einige Vorschläge für das berührungsfreie permanentmagnetische Schweben vorgestellt werden, teils mit elektrodynamischer, teils mit elektromagnetischer und auch teils mit mechanischer Stabilisierung. Im Falle der mechanischen Stabilisierung durch seitliche Leitrollen kann schon nicht mehr von berührungsfreier Fahrtechnik gesprochen werden. In Abb. 2.11 links finden wir die schon beschriebene permanentmagnetische Schwebeanordnung aus drei Dipolplatten wieder, die naturgemäß nur in einer Richtung stabil ist. Die Stabilität wird hier durch Leitrollen bewerkstelligt, die an einer über dem Schwebefahrzeug angebrachten Führungsschiene entlangrollen. Ein mehr realistischer Vorschlag ist rechts daneben zu finden. Hier haben wir es mit einem permanentmagnetisch-elektromagnetischen Hybrid-System zu tun. Zur Vergrößerung der vertikalen Stabilität sind die sechs Dipolplatten bzw. Dipolbalken alternierend im Wechsel N-S-N angeordnet.

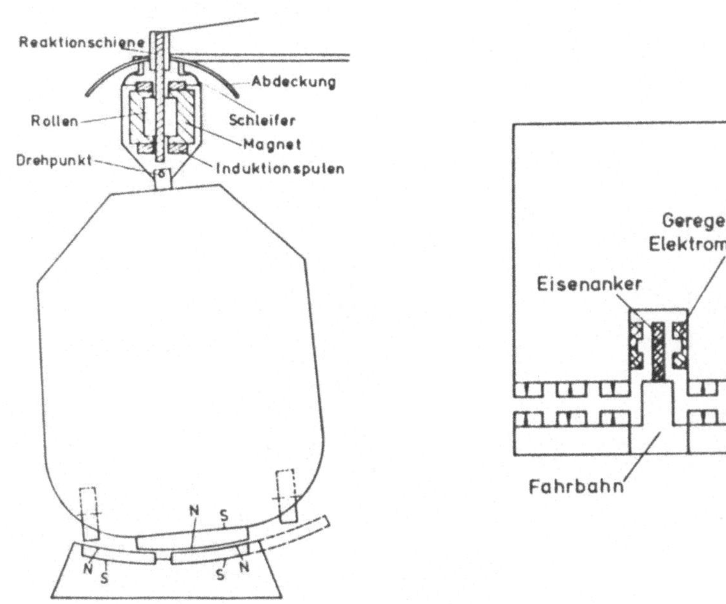

Abb. 2.11. Ausführung permanentmagnetischer Schwebeanordnungen, links mit drei Dipolplatten und mechanischer Stabilisierung, rechts mit 12 Dipolbohlen und und elektromagnetischer Stabilisierung. Zur Vergrößerung der vertikalen Stabilität sind die Dipolbalken im Wechsel N-S-N angeordnet. Das rechte System verdient den Namen "berührungsfreie Fahrtechnik". Das linke System ist nicht berührungsfrei.

In Abb. 2.12 sind noch zwei weitere Vorschläge zum permanentmagnetischen Schweben aufgeführt. In beiden Fällen ist an eine Hängebahn gedacht. Links in Abb. 2.12 ist eine mechanische transversale Stabilisierung durch Leitrollen vorgesehen und rechts eine elektrodynamische Stabilisierung. Die Permanentmagnete sind in drei Etagen in sechs Dreiergruppen angeordnet. Da die Nummer einer Offenlegungsschrift auch immer die Patentnummer ist, kann mithilfe der in Abb. 2.12 angegebenen Nummer der OS die Patentschrift angefordert werden, falls sich ein Leser näher für dieses Hängeschwebebahn-System interessiert.

Mit der Optimierung permanentmagnetischer Tragsysteme hat sich W. Baran [2.12] bei Krupp in Essen sehr intensiv befaßt, ebenso mit den passenden permanentmagnetischen Materialien. Eine größere Anzahl von Permanentmagnetplatten, die bei Krupp der experimentellen Erprobung von permanentmagnetischen Schwebesystemen dienten, wurden freundlicherweise dem Autor dieser Schrift für weitere Untersuchungen zum permanentmagnetischen Schweben [2.2] zur Verfügung gestellt. Auch sei W. Baran an dieser Stelle für wertvolle Anregungen und Diskussionen zu grundlegenden Fragen des permanentmagnetischen Schwebens gedankt [2.13],[2.14],[2.15],[2.16],[2.17],[2.18].

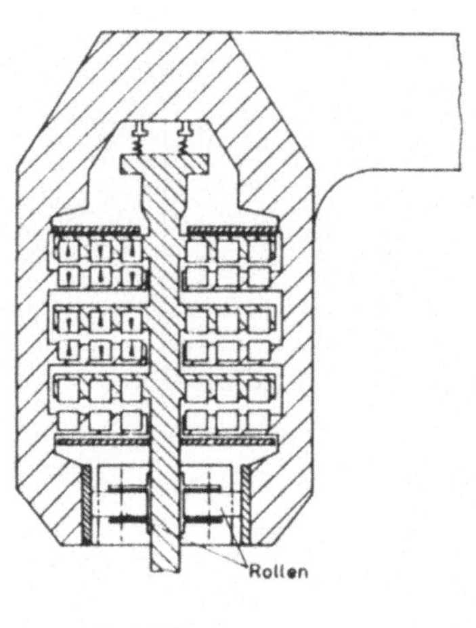

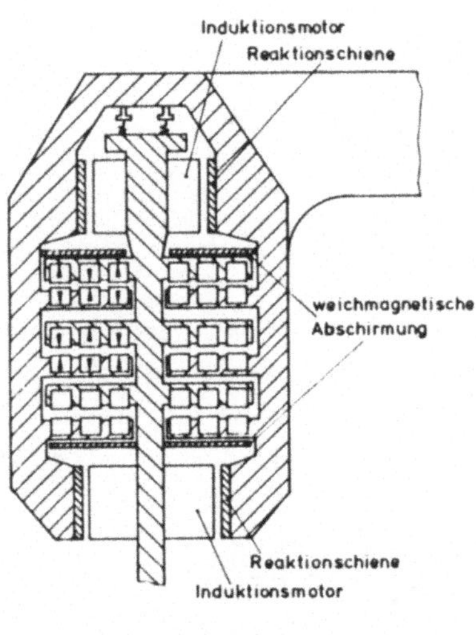

Abb. 2.12. Permanentmagnetische Schwebeanordnung für eine Hängeschwebebahn, links mit mechanischer Stabilisierung durch Leitrollen, rechts mit elektrodynamischer Stabilisierung durch Stabilisierungskräfte von Induktionsmotoren. Zur Erhöhung der vertikalen Stabilität sind die 18 Tragmagnete in der Reihenfolge N-S-N in drei Etagen angeordnet. Die Pfeilrichtungen markieren die Polarisierung der Bahn- und Fahrzeugmagnete. Durch Stromzuführungen über dem linearen Induktionsmotor im oberen Teil des Tragbalkens ist das rechte System auch nicht vollständig berührungsfrei.

3 Elektromagnetisches Schweben

Zum Verständnis des elektromagnetischen Schwebens ist es nötig, sich mit einer Ringspule zu befassen, die mit magnetisch polarisierbarem Material als Eisenkern gefüllt ist. In einen solchen Eisenkern werden zwei Unterbrechungen geschnitten, und es werden das magnetische Feld in den Spalten und die daraus resultierende Anziehungskraft bestimmt, mit welcher das Feld die Eisenkernteile zusammendrückt. Dieser Ringmagnet mit zwei Spalten im Eisenkern der Ringspule gibt den Fall des teilweise geschlossenen Eisenkreises wieder, wie er beim elektromagnetischen Schweben seine Anwendung findet. Im Gegensatz zu in Kapitel 2 behandelten Permanentmagneten muß das Eisen für Kerne von Elektromagneten geringe Remanenz aufweisen und hauptsächlich sehr kleine Koerzitivfeldstärken, damit Eisenverluste durch Umpolarisieren von Ankerschienen beim berührungsfreien Fahren gering bleiben.

Es wird dann gezeigt werden, daß die Schwebecharakteristik in vertikaler, also in Tragrichtung grundsätzlich instabil ist. Dies geschieht in Abschnitt 3.1. Im Abschnitt 3.2 wird auf die Möglichkeit der Beseitigung der Instabilität, die Feldregelung, eingegangen. In Abschnitt 3.3 wird die vertikale Dynamik behandelt und in Abschnitt 3.4 anhand der Schwebeanordnung des Transrapid 06 I erläutert. In Abschnitt 3.5 schließlich folgt ein historischer Rückblick auf einst von der Firma Krauß-Maffei verfolgte Schwebeanordnungen mit transversaler Stabilität beim elektromagnetischen Schweben, dem EMS. Beginnen wir also mit dem Eisenkreis eines Elektromagneten. Es ist nützlich und sinnvoll, in der angegebenen Weise von den Grundlagen zum derzeitigen Schwebekonzept den Gedankengang zu führen, weil so der Aufbau sehr systematisch abläuft. Den Ungeduldigen mag dies etwas stören. Es steht ihm ja frei, einige Abschnitte zu überschlagen. Auch wird auf die Einführung in Kapitel 1 verwiesen. Von 1936, als Hermann Kemper [3.1] seinen ersten Versuch zur Verifizierung des in einer Dimension stabilisierten elektromagnetischen Schwebens darlegte, bis zum heutigen, zur Anwendungsreife gelangten elektromagnetischen Schwebesystem ist es ein langer Weg [3.2]. Erst die Fortschritte der letzten 2 Jahrzehnte auf dem Gebiet der Elektronik haben diese Anwendung möglich gemacht.

3.1 Grundlagen des elektromagnetischen Schwebens, Eisenkreis

Elektromagnetisches Schweben wird mit Hilfe von primär stromdurchflossenen elektrischen Leitern bewerkstelligt, die in der Regel zu einer Spule aufgewickelt sind. Die magnetische Feldstärke im Außenraum der Spule wird durch Einbringen eines magnetisch polarisierbaren Materials (Eisen) in die Spule verstärkt. Für eine leere Spule, die zu einem Ring großen Durchmessers zusammengebogen ist und somit weder Anfang noch Ende hat, gilt für die magnetische Feldstärke H_{sp} im Inneren der Luftspule

$$H_{sp} = \frac{I\,n}{l} \,. \qquad (3.1)$$

Dabei ist I der Strom durch den Draht, n die Windungszahl und l der mittlere Umfang der zu einem Ring gebogenen Spule. Für die Induktion B_0 der Luftspule gilt entsprechend

$$B_0 = \mu_0 \frac{I\,n}{l} \,. \qquad (3.2)$$

Wird die Spule mit magnetisch polarisierbarem Material gefüllt, so bleibt das magnetische Feld H_{sp} konstant, aber die Induktion B steigt von B_0 nach (3.2) auf

$$B = \mu\,\mu_0 \frac{I\,n}{l} \quad \text{an.} \qquad (3.3)$$

Die dimensionslose Größe μ heißt Permeabilität, die sich aus der Beziehung $\mu = 1 + \chi$ ergibt, wobei χ die Polarisation des Materials ist. Die dimensionslose Größe χ gibt an, um das Wievielfache das Feld des polarisierten Materials größer ist als das des polarisierenden Feldes.

Wenn wir nun einen Spalt in das Eisen der Ringspule schneiden, dann gelten die Beziehungen (3.1),(3.3) für H_{sp} und B, die Flußdichte nicht mehr. Jetzt wird die Wichtigkeit zweier verschiedener Größen für die magnetische Feldstärke deutlich. Während die Flußdichte B an den Schnittstellen des Spaltes stetig bleibt, ist die Feldstärke H an diesen Grenzflächen unstetig. Es gilt wegen der Stetigkeit der Normalkomponente von B:

$$B = \mu_0\,H_a = \mu\,\mu_0\,H_i \qquad (3.4)$$

und

$$H_a = \mu H_i \,. \qquad (3.5)$$

Dabei ist H_a die Feldstärke im Luftspalt des Eisenkernes und H_i die Feldstärke im Eisen der Spule. Durch das Einschneiden eines Luftspaltes in den geschlossenen Eisenkern der Spule ist nun die ursprüngliche Feldstärke nach (3.7) ja sehr wesentlich auf den Wert H_i gesunken, dies aber nur dann, wenn der Luftspalt den Eisenkern völlig zertrennt. Die Feldstärke H_a im Luftspalt ist hingegen sehr stark angestiegen. Dies ist das Ergebnis der Entmagnetisierung des primären Feldes der Luftspule durch das diesem primären Felde entgegengesetzte Feld des magnetisierten ferromagnetischen Materials.

Für die folgenden Betrachtungen ist es sinnvoll, den Begriff "magnetomotorische Kraft" oder auch den Begriff "magnetische Spannung" einzuführen. Beide Begriffe für die gleiche Größe sind gleichbedeutend mit der Amperewindungszahl der Ringspule I n. Integriert man die magnetische Feldstärke H entlang des Weges l der leeren Spule, so erhält man die magnetomotorische Kraft In der Ringspule. Dies gilt nun auch, wenn sich polarisiertes ferromagnetisches Material im Felde der Spule befindet. Solange der Strom I durch die Spule und ihre Windungszahl n konstant bleiben, bleibt auch die magnetische Spannung In konstant. Dieses Gesetz können wir benutzen, wenn wir die Feldstärke im Luftspalt des Ringmagneten berechnen wollen. Das Feld im Luftspalt sei wieder H_a und und das Feld im Inneren des Eisenkernes H_i. Der Luftspalt habe die Breite d, oder, wenn zwei Spalte in den Eisenkern geschnitten werden, zweimal die Breite d/2. Der letzte Fall gibt die Realität beim elektromagnetischen Schweben wieder. Es gilt dann

$$\int_o^{d/2} H_a ds + \int_o^{l/2} H_i \, ds + \int_o^{d/2} H_a \, ds + \int_o^{l/2} H_i \, ds = I \, n \quad . \tag{3.6}$$

Wenn die Induktion B entlang der vier Teilwege im Ringmagneten konstant ist, gilt

$$H_a \, d + H_i \, l = I \, n \quad . \tag{3.7}$$

Weiter oben hatten wir Gl. (3.5) gefunden. Diese Beziehung (3.5) lösen wir nach H_i auf und setzen in (3.7)

$$H_i = \frac{1}{\mu} H_a \tag{3.8}$$

ein. Es folgt

$$H_a \, d + H_a \frac{l}{\mu} = I \, n \quad . \tag{3.9}$$

Nach dem Ausklammern von H_a folgt schließlich:

$$H_a = \frac{I\,n}{d + l/\mu} \quad . \tag{3.10}$$

Für B gilt

$$B = \mu_0 \frac{I\,n}{d + l/\mu} \quad . \tag{3.11}$$

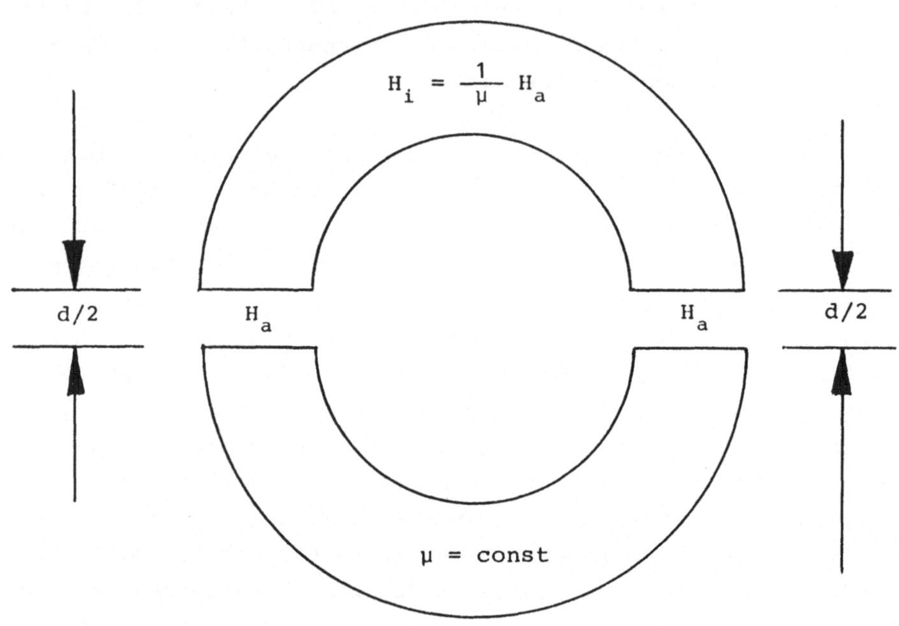

Abb 3.1. Darstellung des Eisenkreises eines Elektromagneten (Spule nicht eingezeichnet) mit dem Strom I und der Windungszahl n. Zwei Luftspalte der Breite d/2 zerteilen den Eisenkreis in zwei gleiche Teile der Länge l/2. Das Eisen habe überall die gleiche Permeabilität μ. Die magnetische Feldstärke H_a im Luftspalt berechnet sich nach Gl. (3.10). Die Induktion B im Magnetkreis ist entlang des Kreises konstant und berechnet sich nach Gl. (3.11). Für Zwecke des magnetischen Schwebens wird nur der untere Eisenkernteil mit stromführenden Windungen versehen. Der obere Teil fungiert als Anker bzw. in Bahnrichtung als Ankerschiene.

Auch die magnetische Feldstärke im Inneren des Eisens H_i können wir berechnen, indem in (3.7) nun H_a substituiert wird. Es gilt

$$d\,\mu\,H_i + H_i\,l = I\,n \tag{3.12}$$

und

$$H_i = \frac{I\,n}{l + \mu\,d} \quad . \tag{3.13}$$

Wenn d gegen 0 geht, wird $H_i = In/l$, vergleiche (3.1). Man sieht, daß durch das Aufschneiden des Eisenkernes die Feldstärke H_i sehr wesentlich unter den Wert der geschlossenen eisenfreien Ringspule abfällt.

Für sehr große Permeabilität μ wird die Feldstärke im Inneren des Eisenkerns H_i beliebig klein. Fast die gesamte magnetische Spannung fällt an den Luftspalten der Gesamtbreite d ab. Für den Fall, daß der Eisenkreis komplizierter geformt ist als im Falle der Ringspule und dadurch die Feldstärke im Eisen nicht überall gleich ist, kann man das vorhin gefundene Gesetz (s. (3.11)) auf eine Form bringen, das dem Ohmschen Gesetz für Ströme entspricht. Die "Eisenwiderstände" der Elemente des Eisenkreises können genauso behandelt werden wie die elektrischen Widerstände in einem elektrischen Leiterkreise. Analog zum Ohmschen Gesetz I = U/R schreiben wir:

$$\Phi = \frac{\mu_0 \, I \, n}{\frac{d}{q} + \frac{l}{\mu \, q}} = \mu_0 H q = \frac{\mu_0 \, I \, n}{\frac{d}{q} + \frac{l}{\mu \, q}} \quad . \qquad (3.14)$$

Dabei ist q der Querschnitt des überall als konstant angenommenen Eisenkernes. Der Fluß Φ entspricht dem elektrischen Strome, die magnetomotorische Kraft In entspricht der elektromotorischen Kraft und die Größen $(d/q) + (l/\mu q)$ entsprechen den in Serie geschalteten elektrischen Widerständen. Der Gesamtwiderstand eines magnetischen Kreises ist gleich der Summe der Einzelwiderstände:

$$\frac{d}{q} + \frac{l}{\mu \, q} = \sum_{j=0}^{n} \frac{d_j}{q_j} + \sum_{i=0}^{m} \frac{l_i}{\mu_i \, q_i} \quad . \qquad (3.15)$$

Bei parallel geschalteten Eisenwegen ist genauso zu verfahren wie bei parallel geschalteten Stromwegen (Kirchhoffsches Verzweigungsgesetz). Eine genaue Berechnung des magnetischen Flusses muß jedoch noch sämtliche Streuflüsse berücksichtigen, die an Luftspalten entstehen. Die Querschnitte der Luftspalte sind dann entsprechend größer anzusetzen. An einem Luftspalt der Breite d streut der Fluß effektiv etwa um den Wert $\frac{2}{3}$ d nach außen. Ein Beispiel: Polbreite/Spaltbreite = 10 : 1, Pol quadratische Form. Der magnetische Fluß ist ca. 30 % größer als beim Verhältnis Polbreite/Spaltbreite = 1000 : 1 [3.3].

Die Kraft zwischen den Polen eines zweifach geschlitzten Ringmagneten berechnet sich so, daß über das Quadrat der Induktion über die Spaltmittelebene integriert werden muß (vergleiche (1.27)). Da wir zwei Pole haben, hebt sich im Nenner eine 2 weg. Es gilt für den zweifach geschlitzten Ringmagneten

$$F = \frac{B^2}{\mu_0} A_{eff} = \frac{1}{\mu_0} \int B^2 \, dA \quad . \qquad (3.16)$$

Wenn wir für die Induktion B den Ausdruck aus (3.11) einsetzen, erhalten wir:

$$F = \frac{\mu_0 \, I^2 \, n^2 \, A_{eff}}{(l/\mu)^2 + 2(ld/\mu) + d^2} \quad \text{und} \quad F = \frac{\mu_0 \, I^2 \, n^2 \, A_{eff}}{d^2}, \tag{3.17}$$

wenn die Permeabilität sehr groß ist, und die volle magnetische Spannung auf den Luftspalt entfällt. Die Anziehungskraft ist also dem Quadrat des primären Stromes proportional und umgekehrt proportional dem Quadrat der Spaltweite d, außerdem linear proportional zur effektiven Polfläche A_{eff} eines Pols des Tragmagneten. Beträgt die Spaltweite 15 mm, so kann man leicht errechnen, welche beachtlichen Differenzkräfte auftreten, wenn die Sollspaltweite von 15 mm um $\pm$ 5 mm schwankt. Dies soll in einer weiter unten folgenden Tabelle anschaulich gemacht werden [3.4],[3.5],[3.6].

Zur Aufrechterhaltung des elektromagnetischen Schwebezustandes muß permanent ein Strom I fließen. Dieser Strom ruft eine ohmsche Verlustleistung hervor, die noch angegeben werden soll. Der ohmsche Widerstand der Magnetspule ist

$$R = \rho \, \frac{4 \, n \, \sqrt{A}}{q_1}, \tag{3.18}$$

wobei A die von der Spule umfaßte mittlere Fläche ist, n die Windungszahl, ρ der spezifische Widerstand des Spulendrahtes und q_1 sein Querschnitt. Die Verlustleistung $R \, I^2$ ergibt sich zu

$$R \, I^2 = \rho \, I^2 \, \frac{4 \, n \, \sqrt{A}}{q_1}. \tag{3.19}$$

Die Verlustleistung ist der Kraft F proportional, wenn die Polfläche konstant bleibt. Wird bei konstantem Strom I die Polfläche um den Faktor m vergrößert, so wächst auch die Kraft F um den Faktor m. Die Verlustleistung wächst jedoch nur um den Faktor $\sqrt{m}$. Es sind also, um die Verlustleistung klein zu halten, möglichst große Polflächen zu gestalten. Es ist rentabler, die Polfläche zu vervierfachen und den Spulenstrom auf den halben Wert zu senken, wenn die Schwebelast konstant bleibt. Die Verlustleistung sinkt dann auf den halben Wert. Wiederum steigt das Polkerngewicht und damit die Totlast an. Elektromagnetische Schwebesysteme sind meist so konzipiert, daß die spezifische ohmsche Verlustleistung der Spulenwindungen bei ca. 1 kW/Mg zu tragende Masse liegt. Dieser Wert ist äußerst gering im Vergleich mit der Antriebsleistung zur Überwindung des Luftwiderstandes bei 400 km/h.

Um ermessen zu können, wie instabil das elektromagnetische Schweben bei konstantem Erregerspulenstrom ist und welch kleine Spaltänderungen erhebliche Schwebekraft- Über- bzw. Unterschüsse hervorrufen, sollen in einer folgenden Tabelle für eine Schwebelast von 10 000 N (der Gewichtskraft von 1 Mg, früher 1 Tonne) in mm-Schritten die Überschuß- und Unterschußkräfte aufgelistet werden. Als Sollspaltweite werden 15 mm angesetzt, und der Regelbereich soll sich von d = 10 mm bis d = 20 mm erstrecken. Wenn die Kraft- Über- bzw. Unterschüsse kompensiert sind, ist erst Indifferenz erreicht. Für die Stabilität, damit in die Solllage rücktreibende Kräfte auftreten, müssen die in der Tabelle angegebenen Differenzen etwa um den Faktor 1,5 überkompensiert werden.

Abstand d in [mm]	Kraft F_y in [N]	Sollkraft minus Istkraft F_y in [N]	Differenzen der Kraft in mm-Schritten in [N]
10	22 500	12 500	
			3 900
11	18 600	8 600	
			3 000
12	15 600	5 600	
			2 300
13	13 300	3 300	
			1 800
14	11 500	1 500	
			1 500
15	10 000	0	
			1 200
16	8 800	- 1 200	
			1 000
17	7 800	- 2 200	
			900
18	6 900	- 3 100	
			700
19	6 200	- 3 800	
			600
20	5 600	- 4 400	

Anhand der vierten Spalte dieser Tabelle läßt sich erkennen, wie unterschiedlich die Steilheit der Ausregelung sein muß. Während von mm 15 auf mm 16 nur 1 200 N genügen, um Indifferenz zu erreichen, ist zwischen mm 10 und mm 11 mehr als das Dreifache der Regelkraft erforderlich. Die Überkompensation der Regelkräfte muß so ausgelegt sein, daß bei mm 10 und bei mm 20 in die Solllage rücktreibende Kräfte von ca. 3 000 N auftreten. Wenn die Regelcharakteristik linear sein soll, entspricht dies einem Differentialquotienten $\partial F_y/\partial y$ = 600 N/mm [3.7].

3.2 Feldregelung beim elektromagnetischen Schweben

Da elektromagnetische Schwebesysteme allgemein in zwei Dimensionen, in Spezialfällen mindestens in einer Dimension instabil sind, muß das anziehende Feld des Elektromagneten geregelt werden. Die Feldregelung in Abhängigkeit von der Spaltweite d zwischen Polflächen und Ankerschiene muß mindestens so erfolgen, daß unabhängig von der Spaltweite d eine konstante Tragkraft resultiert. Damit wäre aber erst der Fall der Indifferenz erreicht. Erst dann, wenn bei Verringerung der Spaltweite die Anziehungskraft abnimmt und bei Vergrößerung der Spaltweite die Anziehungskraft zunimmt, ist eine stabile Charakteristik erreicht. Mit geeigneten Sensoren, Induktionsspulen bzw. Plattenkondensatoren variabler Induktivität bzw. Kapazität, ist die Spaltweite zwischen Ankerschiene und Magnetpol zu messen, in eine elektronische Regelgröße (Spannung oder Strom) zu wandeln, entsprechend zu verstärken und als Steuergröße für Stromtore (Thyristoren) zur Regelung des Spulenstromes der Elektromagnete zu verwenden. Abb. 3.2 zeigt die Kraft-Charakteristik eines ungeregelten Elektromagneten, die es durch Regelung zu verändern gilt [3.8] [3.9].

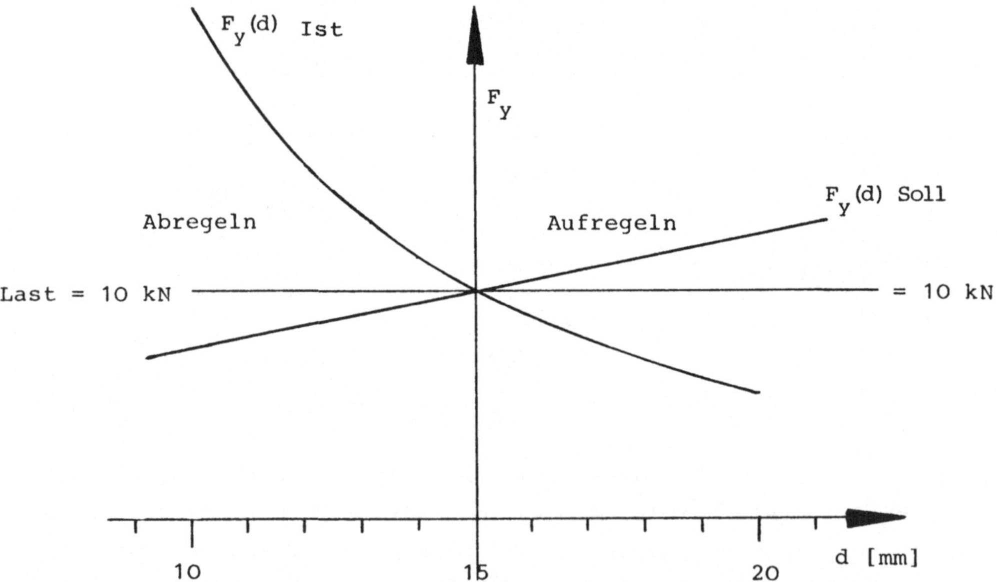

Abb. 3.2. Kraftgesetz eines ungeregelten Elektromagneten in Abhängigkeit von der Spaltweite d zwischen Polflächen und Ankerschiene. Im Bereich d = 10 mm bis d = 15 mm muß der Strom abgeregelt werden, zwischen d = 15 mm und d = 20 mm muß er aufgeregelt werden. Die Regelcharakteristik muß dabei nichtlinear sein, so daß im ganzen Regelbereich ein konstanter Differentialquotient $\partial F_y/\partial y$ = 500 N/mm erreicht wird.

Ein sehr einfacher Sensor wird durch einen Plattenkondensator gebildet, dessen eine Platte fest mit der Ankerschiene verbunden ist und dessen andere Platte zusammen mit dem anziehenden Magnetpol im gleichen Rhythmus wie der Magnetpol sich jeweils der gegenüberliegenden Kondensatorplatte nähert oder sich von ihr entfernt. Weil eine Feldregelung über einen Plattenkondensator anschaulicher ist als eine Regelung über eine Induktionsspule, und weil auch die Entwicklung historisch so gelaufen ist [3.2], soll diese Art der Feldregelung mit einem Plattenkondensator zuerst behandelt werden. Entsprechend zum Abstand der Kondensatorplatten ändert sich die Kapazität des Kondensators und damit sein kapazitiver Widerstand, wenn dieser an eine Wechselspannungsquelle angeschlossen wird. Die Kapazität eines Kondensators C ist gegeben durch

$$C = \frac{Q}{U} = \frac{A\,\varepsilon_0}{d} = \frac{A\,\varepsilon_0\,U}{U\,d}\,, \text{ wobei } \frac{U}{d} = E \text{ ist.} \qquad (3.20)$$

Wobei Q die Ladung auf beiden Platten ist, U die zwischen den Platten anliegende Spannung, A die Fläche des Kondensators, ε_0 der Umrechnungsfaktor von elektrischer Feldstärke E zur Ladungsdichte D und d der Abstand der planparallel angeordneten Platten. Ist dieser Abstand d nicht genau bekannt, so kann auch über die gemessene elektrische Feldstärke E die Kapazität des Kondensators bestimmt werden. Der kapazitive Widerstand ist

$$R_c = \frac{1}{\omega\,C} = \frac{d}{\omega\,A\,\varepsilon_0}\,, \qquad (3.21)$$

wobei ω die Kreisfrequenz des Wechselstromes ist. Der Strom durch den Kondensator ergibt sich zu

$$I_c = \frac{U}{R_c} = \frac{U\,\omega\,A\,\varepsilon_0}{d}\,. \qquad (3.22)$$

Der Anzeigestrom für die Spaltbreite d ist dieser also umgekehrt proportional. Um einen indifferenten Schwebezustand zu erreichen, muß der Spulenstrom mit d anwachsen. Die Magnetspaltweite d und der Plattenabstand d der Kondensatorplatten mögen hier exakt gleich sein. Da die Regelung des Spulenstromes zur Regelung der Anziehungskraft des Magneten nicht über den vollen Spaltbereich zu d überproportional sein muß, genügt es, wenn die Bedingung I überproportional d (damit Stabilität eintritt) differentiell erfüllt wird. Dies ist mit einer nichtlinearen Regelcharakteristik möglich, sofern nur der Differentialquotient genügend groß ist und das Vorzeichen durch elektronische Umkehr passend gewählt wird. Durch entsprechende Steilheit der Charakteristik läßt sich der Differentialquotient $(\partial F/\partial d)_{I=const.}$ der ungeregelten Spule, der negativ ist, mit dem positiven Differentialquotienten der Regelung $\partial F_r/\partial d$ überkompensieren. Die Stärke der Regelkraft F_r kann wiederum durch Änderung der Verstärkung des Anzeigestromes für den Plattenabstand d variiert werden. Wichtig ist nunmehr, daß der Regelkreis nicht schwingt. Hierzu sind entsprechende Dämpfungsglieder im Regelkreis einzusetzen. Der Gang des Regelsignals sieht folgendermaßen auß:

Ursache	Folge
1) variable Kapazität bzw. variable Induktivität	variabler Wechselstrom vom Meßkondensator bzw. von der Meßinduktivität
2) Spannungsteilung durch hintereinandergeschaltete konstante und variable Kapazitäten bzw. Induktivitäten	abgegriffene variable Wechselspannung
3) Gleichrichtung der am Spannungsteiler abgegriffenen Wechselspannung und Glättung	variable Gleichspannung und variabler Gleichstrom als Regelgröße
4) Gleichstromverstärkung, Einstellen der Steilheit der Regelung, Wahl des Vorzeichens, Abziehen einer Vorspannung	angepaßter Steuerstrom für ein Stromtor (Thyristor) zur Regelung des Spulenstromes
5) Einregeln des Stromes auf den Sollwert für den Sollabstand d_0	Die magnetische Anziehungskraft nimmt zu oder ab, so daß jeweils die Sollage wieder erreicht und ein wenig überschritten wird, gedämpft schwingend.

Eine kapazitive Feldregelung ist - darauf muß deutlich hingewiesen werden - nur möglich bei Abwesenheit von Wassertropfen an den Kondensatorplatten. Die Dielektrizitätskonstante ε des elektrisch polarisierbaren Wassers beträgt 81, und schon wenige Wassertröpfchen genügen, um die Kapazität des Plattenkondensators ganz erheblich zu verändern. Bei induktiver Regelung mit Änderung des induktiven Widerstandes einer Spule über einen durch Spalte geöffneten Eisenkreis ergibt sich dieses Problem nicht. Sämtliche Schwebeanordnungen des elektromagnetischen Schwebens werden heute induktiv geregelt. Dennoch möge der Zusammenhang zwischen abgegriffener Spannung und Plattenabstand hergeleitet werden, wenn zwei Kondensatoren in Serie geschaltet sind und einer davon eine konstante Kapazität besitzt, der andere eine mit der Spaltweite variable. Der Strom durch die Kapazitäten sei I, die angelegte Spannung U_0 und die kapazitiven Widerstände R_1 und R_2. Der Strom I ist dann:

$$I = \frac{U_0}{R_1 + R_2} \qquad \text{Und} \qquad U_2 = \frac{R_2\, U_0}{R_1 + R_2} \tag{3.23}$$

ist die an R_2 abgegriffene Spannung. Nach Umformung erhalten wir:

$$U_2 = \frac{U_0}{(R_1/R_2) + 1} \tag{3.24}$$

Für die Widerstände werden nun die durch Plattenfläche und Plattenabstand bedingten Werte eingesetzt:

$$R_1 = \frac{d_1}{A\, \omega\, \varepsilon_0} \qquad \text{und} \qquad R_2 = \frac{d_2}{A\, \omega\, \varepsilon_0} \tag{3.25}$$

Für die an der Kapazität 2 abgegriffene Spannung resultiert:

$$U_2 = \frac{d_2\, U_0}{d_1 + d_2} \tag{3.26}$$

Wenn $d_1 = d_2$, bewirkt eine Veränderung von d_2 um z.B. 2 % eine Änderung von U_2 um 1 %. Eine Vergrößerung von d_2 bewirkt ein positives Signal, eine Vergrößerung von d_1 ein negatives. Umgekehrt verhält es sich mit der Verkleinerung der Plattenabstände.

Eine entsprechende Herleitung kann der interessierte Leser für die Regelung mit Induktionsspulen durchführen. In beiden Fällen, Kapazität bzw. Induktivität verwandt zur Regelung, resultiert ein Signal, das der Spaltweite direkt proportional ist. Die transversale Stabilisierung erfolgt genauso, nur mit dem Unterschied, daß keine Grundlast vorhanden ist. Die Realität der Anwendung ist naturgemäß viel komplizierter. Die Regeltechnik beim elektromagnetischen Schweben hat eine lange Entwicklung hinter sich und soll im Rahmen dieser Schrift nicht dargestellt werden. Es möge hier nur das Prinzipschaltbild einer Regelung in Abb. 3.3 gezeigt werden, siehe auch [3.1].

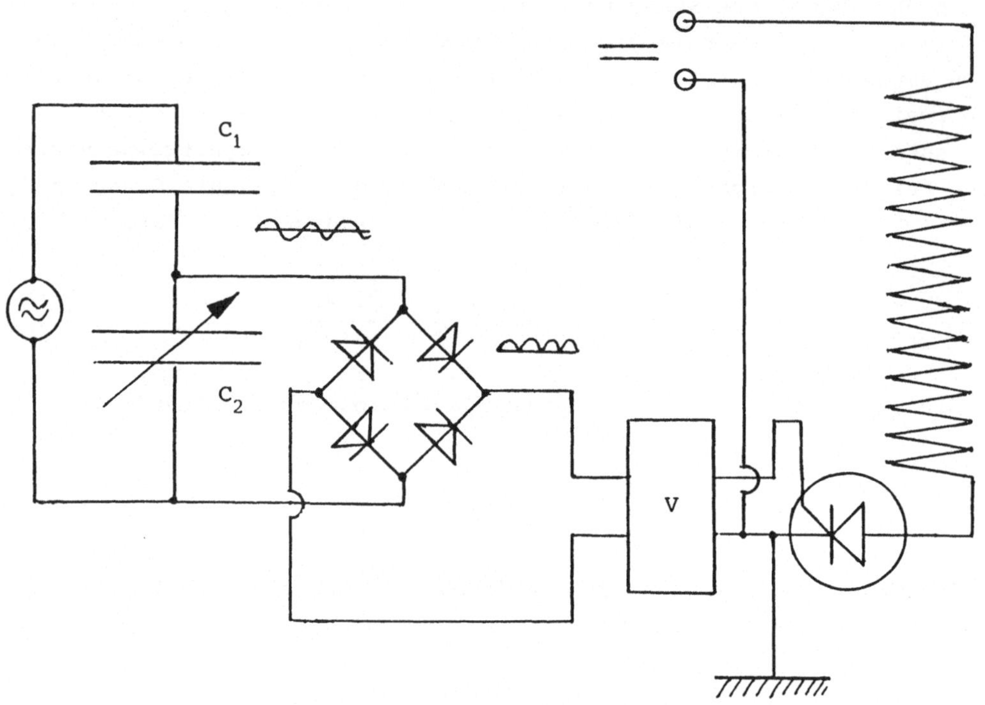

Abb. 3.3. Schematische Darstellung der Regeleinrichtung zum elektromagnetischen Schweben. Die Kapazitäten C_1 und C_2 sind in Reihe geschaltet. Der Plattenabstand von C_2 und seine Kapazität ändern sich gleichartig mit der Spaltweite des Schwebemagneten. Ein Wechselspannungssignal wird in der Gleichrichterbrücke gleichgerichtet und dem Verstärker V zugeführt, dort geglättet und verstärkt und dient als Steuergröße für den Thyristor (Stromtor), der wiederum den Gleichstrom durch die Erregerspule des Schwebemagneten regelt. Auf diese Weise wird ein stabiler Schwebezustand erreicht. Um die Beeinträchtigung durch Wassertröpfchen an den Kondensatorplatten auszuschließen, wird die Regelung mit Induktionsspulen betrieben, deren Eisenkreis Spalte hat, deren Weite sich gleichartig mit der Spaltweite der Schwebemagnete verändern. Am Prinzipschaltbild wird nur das Symbol für eine Kapazität durch das Symbol für eine Induktivität ausgetauscht. Gleichwohl ist die Regelung mit Plattenkondensatoren anschaulicher.

Im nächsten Abschnitt 3.3 soll von den Folgen der Regelung gesprochen werden. Wenn der Differentialquotient $\partial F_y/\partial y$ der durch die harte Regelung erzeugten Rückstellkraft bei 500 bis 600 N/mm liegt, und die Regelweite $\pm$ 5 mm für 1 Mg zu tragende Masse beträgt, treten an den Endpunkten Rückstellbeschleunigungen von 2,5 bis 3,0 m/s^2 auf. Diese Beschleunigungswerte bedeuten für einen potentiellen Fahrgast ein extrem hartes Ruckeln, so wie das Fahren in einem ungefederten Schienenfahrzeug, z.B. einer Feldbahnlore. Durch mehrere Sekundärfederungen ist die Schwingweite des Untergestelles eines Schwebefahrzeugs von $\pm$ 5 mm auf $\pm$ 50 mm zu vergrößern. Die auf den Fahrgast wirkenden Beschleunigungswerte werden dabei auf 0,25 bis 0,30 m/s^2 verringert.

3.3 Schwingung, Dämpfung und Berechnung der Schwebekraft

Wenn die rücktreibende Kraft der Auslenkung aus der Ruhelage entgegengerichtet ist, vollführt das Schwebesystem Schwingungen um die Sollage. Für die vertikale (y-)Richtung gilt

$$y - c\,\ddot{y} + a = 0 \; . \qquad (3.27)$$

Wenn a = 0 ist, schwingt das System ungedämpft. Das bedeutet, daß bei weiterer Energiezufuhr die Amplitude beliebig große Werte annehmen kann. Die Dämpfung des Systems ist also eine conditio sine qua non. Eine Größe $\dot{y}$ in der (3.27) würde bedeuten, daß die Dämpfung von der Auslenkgeschwindigkeit abhängt. Dies ist eine wertvolle Eigenschaft, die dazu führt, daß harte Stöße stärker gedämpft werden als langsame Auslenkungen. Eine Dämpfung kann z.B. durch die Reaktionsschiene eines linearen Induktionsmotors bewirkt werden. Bei Änderung des magnetischen Feldes im Induktionsleiter werden dort Wirbelströme induziert, die der Vertikal- und Transversalbewegung des Schwebesystems Energie entziehen. Grundsätzlich ist es aber auch möglich, allein durch Regelkräfte die Schwingungsamplitude zu begrenzen. Das Regelsystem wird dann komplizierter, da nicht nur fehlende Schwebekraft zu regeln ist, sondern auch noch Vertikal- und Transversalbewegungen zu bremsen sind [3.10].

Die Frequenz eines schwingenden Systems ist leicht über die Schwingungsperiode T zu bestimmen. Es gilt:

$$T = 2\pi \sqrt{y/\ddot{y}} \qquad (3.28)$$

Beispiel: $y = 0{,}005$ m, $\ddot{y} = 3{,}1\ \mathrm{m/s^2}$, $T = 0{,}25$ s.
Die Schwingungsfrequenz beträt dann 4 Hz. Die Verzögerungszeit, mit der eine gemessene Abweichung von der Sollage in ein Regelsignal umgesetzt und auch wirksam wird, muß sehr klein sein gegen die nach (3.28) errechnete Schwingungsperiode. Eine Verzögerung von 200 µs dürfte auf jeden Fall tragbar sein, eventuell würden auch 2 ms tolerierbar sein.
Bei der Regelung und dem schon am Ende von Abschnitt 3.2 erwähnten notwendigen Federungs- und Dämpfungssystem ist es wichtig, daß der Bereich der Amplituden und Frequenzen ausgespart wird, der bei den Fahrgästen zur Seekrankheit führt. Da das elektromagnetische Schweben eine sehr harte Fahrweise darstellt, ist es hinsichtlich der Stöße mit dem Eisenbahnbetrieb durchaus vergleichbar, wenn auch die Kräfte, da sie flächig übertragen werden, das Material weitaus stärker schonen als

beim Eisenbahnbetrieb. Sogenannte Punktlasten führen beim Eisenbahnbetrieb zu erheblichen Materialbeanspruchungen und daher zu hohem Verschleiß. Genaugenommen sind es natürlich keine Punktlasten, sondern Lasten, die auf kleinen Flächen übertragen werden. Aus dem Eisenbahnbetrieb gibt es lange Erfahrungen über Federungssysteme, die für das magnetische Schweben weiterentwickelt wurden. Abb. 3.4 zeigt die Prinzipanordnung von zweimal 16 Schwebemagneten, die in vier Untergestellen mit jeweils zweimal 4 Schwebemagneten zusammengefaßt sind. Die 4 Untergestelle sind dabei federnd miteinander gekoppelt.

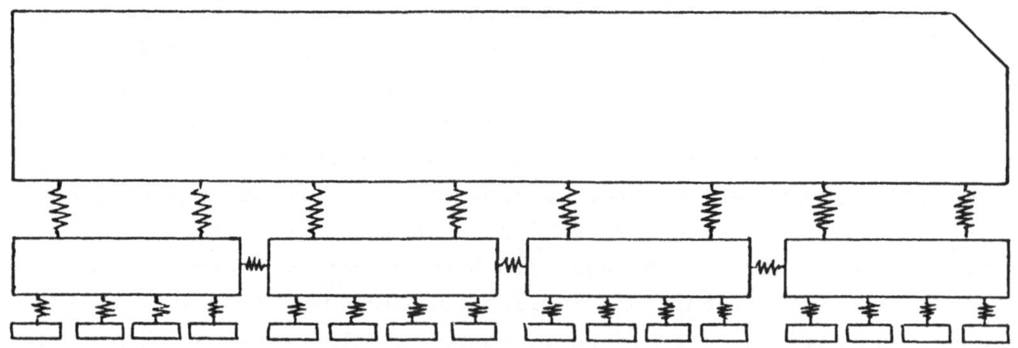

Abb. 3.4. Anordnung von 32 Schwebemagneten in vier Untergestellen für ein Schwebefahrzeug von ca. 27 m Länge. Eine gleiche Anzahl von Führungsmagneten sorgt für seitliche Stabilisierung. Die Ankerschienen in 2,25 m Abstand tragen zugleich Wanderfeldwicklungen für den Vortrieb. Bei einem Gesamtgewicht von 640 kN hat jeder Magnet 20 kN zu tragen (nach alter Sprechweise 2 Tonnen). Die vier Untergestelle sind vier vierachsigen Eisenbahndrehgestellen vergleichbar, jedes Tragmagnetpaar einer Achse. Der Fahrkomfort eines solchen Schwebefahrzeuges übersteigt den von modernen Eisenbahnfahrzeugen bei weitem. Dies liegt hauptsächlich an der aktiven Regelung.

Für einen einzelnen Tragmagneten soll nun bei gegebener Induktion B die Kraft berechnet werden, die bei gegebener effektiver Polfläche A_{eff} anziehend auf die Ankerschiene wirkt. Die Kraft F berechnet sich nach Gl. (3.16). Die Daten sind: $B = 1,41$ T, $2A_{eff} = 0,025\ m^2$, $\mu_0 = 4\pi/10 \cdot 10^{-6}$ Vs/Am, F = 20 kN (2 Tonnen Gewicht). Die beiden effektiven Polflächen sind 10 cm mal 12,5 cm groß. Um die gleiche Tragkraft zu ereichen, können auch 10 Polflächen von 10 cm mal 2,5 cm ausgebildet werden. Bei I = 300 A, n = 160 Windungen, doppelte Spaltweite d = 0,03 m ergibt sich eine Induktion im Spalt B = 2 T. Bei einem Strom von 252 A wird die nötige Kraft von 20 kN erreicht. Die Zahl der Windungen n muß entsprechend erhöht werden, wenn der Spulenstrom zu groß erscheint. Dies ist eine Frage der Optimierung des ganzen Regelsystems. Je niedriger der ohmsche Widerstand und der induktive Widerstand der Erregerspulen ist, umso schneller kann die Regelung sein [3.11].

3.4 Ausführung der Schwebeanordnung des Transrapid 06

Hinsichtlich der Ausführung von Schwebeeinrichtungen, die auf elektromagnetischer Anziehung basieren, mögen nun einige Entwicklungsschritte übersprungen werden. Es soll das Entwicklungsergebnis gezeigt werden, wie es für eine Hochleistungsschnellbahn zur Anwendung kommen soll [3.4]. Zunächst einmal war lange Zeit die Frage aktuell, wie denn die Antriebsenergie auf ein Schwebefahrzeug übertragen werden soll. Die elektrische Energieübertragung durch Lichtbogen schied schon sehr bald aus den Überlegungen aus, weil damit ein erheblicher Störpegel auf die drahtlose und auch auf die drahtgeleitete Datenübermittlung zugekommen wäre. Eine Schleifleitung entsprach nicht dem Prinzip der Berührungsfreiheit. So wurde an passive Fahrzeuge und an eine aktive Spur gedacht. Doch auch die Fahrzeuge - sofern sie nicht mit supraleitenden Magneten arbeiten, die sich nicht so leicht schnell regeln lassen - bedürfen der Energieversorgung zum Aufrecherhalten des elektromagnetischen Schwebens. Bei einer spezifischen Verlustleistung von 1 kW/t und einer Masse des vollbesetzten halben Fahrzeuges von 61,2 Mg ergibt sich eine zu installierende Leistung von 61,2 kW. Diese recht geringe Leistung kann problemlos durch Lineargeneratoren auf das Fahrzeug übertragen werden, die durch das Wanderfeld bzw. - wenn es keinen Schlupf gibt - durch das entlang der Bahn von Zahn zu Zahn der Ankerschiene schnell wechselnde Magnetfeld gespeist werden. In jedem Schwebemagneten sind in den Polschuhen Induktionswindungen eingelegt, die oberhalb einer Geschwindigkeit von 150 km/h über einen Gleichrichter auch noch die Bordbatterie mit einer Spannung von 440 V speisen. Jeder Schwebemagnet ist autonom und speist seine eigene Erregung und Regelelektronik sowie die Erregung und Elektronik des dazugehörigen Magneten für die transversale Korrektur der Fahrzeuglage. Diese Autonomie ist ab 150 km/h gegeben. Unterhalb dieser Grenze und beim Stand des Fahrzeuges werden die Reserven aus der Bordbatterie genutzt. Die Ankerschiene ist so mit den vortreibenden Wanderfeldwicklungen kombiniert, daß die Windungen in Nuten der Ankerschiene fest eingelegt sind. Die Nuten sind etwa 4 cm breit und etwa ebenso tief. Die Phase des Stromes durch die Windungen ist nach 6 Nuten die gleiche und von Nut zu Nut um 60° phasenverschoben. Die Periode beträgt etwa 50 cm. Abb. 3.5 zeigt eine solche Anordnung. Dabei muß die Polteilung des Schwebemagneten und die der Ankerschiene möglichst inkommensurabel sein, um Resonanzen zu vermeiden. Das Verhältnis 29 : 48 ist genügend ungerade und es weicht nur geringfügig vom Verhältnis 3 : 5 ab, was in Abb. 3.5 nicht zu sehen ist. Die Schwebemagnete und die Magnete zur transversalen Stabilisierung tragen nicht nur Sensoren für die Spaltweiten zwischen Polschuhen und Ankerschienen, sondern auch Sensoren für vertikale bzw. transversale Beschleunigungen, $\ddot{y}$ und $\ddot{x}$. Letztere sind sehr wichtig, da die Regelung auf Beschleunigungen schneller reagieren kann als nur auf Änderungen von y und x [3.12].

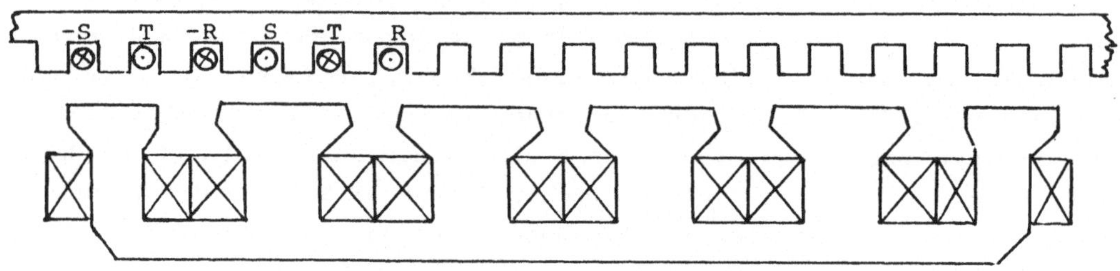

Abb. 3.5. Längsschnitt durch einen von 32 Schwebemagneten eines Schwebefahrzeugteiles und durch die Ankerschiene. Die Spaltweite zwischen den Polschuhen des Schwebemagneten und den Zähnen der Ankerschiene ist der Anschaulichkeit wegen auf das Fünffache vergrößert. Die Nuten in der Ankerschiene haben eine Breite von 4 cm. Die Sollspaltweite beträgt 8 mm. In den Polschuhen (hier nicht eingezeichnet) befinden sich Induktionsspulen zur Stromversorgung der Magnete und der Bordbatterie. Abstands- und Beschleunigungssensoren (auch nicht eingezeichnet) schicken ihre Signale in die zu jedem Magneten gehörende Regelelektronik, die jeden Magneten autonom macht.

Der Magnetschwebezug besteht vorerst nur aus zwei Einheiten, die völlig autonom sind. Es ist daran gedacht, Züge mit 2, 4, 6 und auch 8 Einheiten zu bilden. Dies hängt von der Nachfrage ab. Auch wenn der Energieverbrauch pro Fahrzeugteil bei einem zweiteiligen Zuge wesentlich höher ist als bei einem Zuge aus 8 Einheiten, ist es sinnvoller alle 15 Minuten eine zweiteilige Einheit verkehren zu lassen als jede Stunde einen achtteiligen Zug. Ein so schnelles Verkehrssystem wie Transrapid kann seine Vorteile nur voll zur Geltung bringen, wenn es in möglichst dichter Zugfolge verkehrt. Deswegen soll bei allen Angaben von einer zweiteiligen Einheit ausgegangen werden. Vergleiche mit fortgeschrittener Eisenbahntechnologie sind schwierig, weil es ewig Streit um die Randbedingungen gibt. So könnte vieleicht bei einem Vergleich mit einem IC-Zug ein Nutzflächenzuschlag vo 10 % entfallen, der für ein Speiseabteil erforderlich wäre. Statt eines Speiseabteils ist die Bedienung des Fahrgastes am Sitzplatz wie im Flugzeug vorgesehen. Könnte man ein völlig neues Rad-Schiene-System entwickeln, so wäre es möglich, auch eine gleich gute Aerodynamik zu erreichen wie beim Transrapid 06. Vergleiche fallen allerdings schief aus, wenn inklusive Nebenräume das Platzangebot pro Fahrgast im einen Falle 0,85 m^2 beträgt und bei Rad-Schiene 1,0 m^2. Man sollte davon ausgehen, daß der Energiebedarf in etwa gleich ist bei gleichen Randbedingungen, mit leichtem Vorteil des Transrapid.

Die vorangegangenen Vorbemerkungen waren nötig, wenn jetzt einige Daten des Transrapid 06 I angegeben werden:

Länge des zweiteiligen Zuges: .... 54,2 m
größte Breite über Außenblech: .... 3,7 m
Höhe über alles: .... 4,2 m
Abteilhöhe bis zum Deckenscheitel: .... 2,2 m
Abstand der seitlichen Reaktionsschienen v. Außenkante zu Außenkante: .... 2,88 m
Leermasse des zweigliedrigen Zuges (zwei autonome Teile): 102,4 Mg
Zuladung bei v = 300 km/h: .... 20,0 Mg
Zuladung bei v = 400 km/h: .... 6,0 Mg
Leistungsbedarf bei v = 300 km/h (stationärer Betrieb): .... 2,5 MW
Leistungsbedarf bei v = 400 km/h (stationärer Betrieb): .... 5,0 MW

Der neue Schwebezug Transrapid 07 [3.16] ist so konzipiert, daß der Energieverbrauch bei gleicher Länge um ca. 20 % geringer ist. Die hier aufgeführten Daten beziehen sich nur auf den Transrapid 06 und dürften bei der zweiten Fahrzeugversion noch wesentlich verändert worden sein.

Luftspalt zwischen Ankerschiene und Tragmagnetpolen: .... 8,0 mm
Luftspalt zwischen vertikalen Ankerschienen und Magnetpolen:. 10,0 mm
Masse eines Tragmagneten inklusive Lineargenerator: .... 330 kg
Masse eines Führungsmagneten (28 Stück pro Fahrzeugglied):.. 270 kg
Bremskraft eines Tragmagneten (32 Stück pro Fahrzeugglied):. 500 N
vertikale Schwingungsfrequenz aus der Federcharakteristik: ... 7 Hz
Dämpfungsrate (logarithmisches Dekrement): 0,4
Schwingungsfrequenz des Sekundärgestelles: .... 0,8 Hz
Dämpfungsrate: 0,3
spezifischer Leistungsbedarf der Tragmagnetspulen: .... 1,0 kW/Mg
spezifische Bremsleistung der Lineargeneratoren: .... 4,4 kW/Mg
spezifische Gesamtleistung zur Überwindung aller Widerstände
bei v = 300 km/h stationär, 20 Mg Zuladung: .... 24,4 kW/Mg
bei v = 400 km/h stationär, 6 Mg Zuladung: .... 48,8 kW/Mg
Nettomasse des magnetischen Trag- und Führungssystems: .... 32,0 Mg
Nettomasse eines Fahrzeugkastens (ebenfalls nur ein Glied): 19,2 Mg
Batteriespannung der 2 mal 4 = 8 Bordbatterien: .... 440 V
maximaler Spulenstrom der Erregerwicklungen von 16 Magneten: 1280 A
maximaler Spulenstrom einer Erregerwicklung eines Magneten: 80 A

Wie aus den Frequenzangaben zu entnehmen ist, wird durch die Sekundärfederung Amplitude und Frequenz so transformiert, daß diese erträglich sind.

Wenn auch die Frage des Antriebes in Kapitel 5 behandelt werden soll, so darf - nur der Vollständigkeit halber - einiges zum Antrieb des Transrapid 06 gesagt werden. Da wir es hier mit einem synchronen Langstatorantrieb zu tun haben, muß die Frequenz des Drehstromes zur Erregung der Wanderfeldwicklungen in der Ankerschiene während der Beschleunigung des Schwebefahrzeuges durchgestimmt werden. Ein Schlupf des Wanderfeldes gegenüber dem Fahrzeug darf vorhanden sein, muß aber nicht. Da wir keinen Kurzschlußanker haben, in dem Ströme erst durch Schlupf induziert werden, sondern in ihrer Erregung zwar nicht konstante, aber doch relativ konstant erregte Elektromagnete, tritt eine Vortriebskraft auch dann auf, wenn die Geschwindigkeiten von Fahrzeug und Wanderfeld gleich sind. Nur langsamer darf das Wanderfeld nicht sein, da sonst Bremsung eintritt. Der Geschwindigkeit von 400 km/h entspricht bei einer Periode von 48 cm im Langstator einer Frequenz von 231 Hz. Bei einer Frequenz von 50 Hz würde die Synchrongeschwindigkeit 86,5 km/h betragen. Durch die ca. 4 cm tiefen und ebenso breiten Nuten für die Wicklungen in der Ankerschiene würde die Wirkung der Ankerschiene erheblich vermindert werden, wenn nicht die Polschuhe des Schwebemagneten zur Ankerschiene hin erheblich verbreitert wären, wie aus Abb. 3.5 ersichtlich ist. Zwei Zähne der genuteten Ankerschiene stehen immer, in welcher Position der Schwebemagnet gerade ist, den mittleren vier Polschuhen gegenüber. Die beiden Endpole könnten im Prinzip auch so lang ausgeführt werden, daß stets zwei Zähne der Ankerschiene den Polschuhen gegenüberstehen. Doch ist dies nach Abb. 3.5 nicht der Fall. Es ist auch gar nicht nötig, denn die Regelung ist so schnell, daß Kräfteungleichgewichte an den Enden des Tragmagneten ausgeglichen werden. Insgesamt stehen dem Schwebemagneten immer 11 Zähne der Ankerschiene gegenüber, so daß die gesamte Tragkraft bei Bewegung entlang der Ankerschiene konstant bleibt. Würden die Pole des Tragmagneten nicht schnell geregelt werden, so entstünde bei 400 km/h mit Vortrieb eines Zahnes in 0,72 ms eine Kippfrequenz von 1,39 kHz. Mit dieser Frequenz würde der Tragmagnet um eine horizontale Achse transversal zur Fahrtrichtung Rotationsschwingungen ausführen. Solche Schwingungen werden durch die schnelle Regelung unterbunden. Jeder Polschuh trägt Sensoren für Abstandsmessung und für Beschleunigungsmessungen [3.12] [3.18].

Bisweilen findet man heute noch Einwände gegen das instabile elektromagnetische Schweben. Es wird argumentiert, daß man sich nicht einem komplizierten Regelsystem aussetzen wolle. Dazu muß gesagt werden, daß ähnlich komplizierte Regelelektronik im Verkehr mit Großflugzeugen längst erfolgreich und bewährt eingeführt ist. Dazu ist diese Elektronik selbstkorrigierend ausgelegt. Wenn ein Regelsystem ausfällt, wird automatisch auf ein Ersatzsystem umgeschaltet. Außerdem ist jeder Trag- und Führungsmagnet mit seiner Regelung autonom. Sollte wirklich einmal einer von 32 Schwebemagneten in vier Untergestellen zu 8 Schwebemagneten ausfallen, so können die restlichen drei auf einer Seite seine Funktion übernehmen. Nun schon vier Jahre andauernde Versuchsfahrten auf der Testanlage im Emsland haben die Zuverlässigkeit der Regelelektronik unter Beweis gestellt, so daß nun der Anwendung nichts mehr im Wege stehen sollte, als die Finanzierung sicherzustellen und eine geeignete Trasse auszusuchen. Dies ausgereifte System stellt eine hochentwickelte Technologie dar. Und nur dann kann mit Exportaufträgen gerechnet werden, wenn im eigenen Lande eine Anwendung vorgeführt werden kann, möglichst über eine Distanz von ca. 300 km, damit die Vorteile des Systems voll zur Geltung kommen können.

Noch ein Wort zu dem Unbehagen gegen instabile geregelte Systeme:
Der Gang eines Menschen auf zwei Beinen ist auch ein instabiles System. Trotzdem fallen relativ wenige Menschen um, weil das Regelsystem im Kleinhirn eben doch recht gut funktioniert, nur eben bei Bewußtlosigkeit nicht mehr. Sollte beim Transrapid eine solche "Bewußtlosigkeit" eintreten (totaler Ausfall der Bordbatterie-Stromversorgung), so setzt automatisch eine Bremsung ein und das Schwebefahrzeug kommt auf Gleitkufen kontrolliert zum Stehen.

Ein anderes Gewicht hat die Wirtschaftlichkeit. Es ist klar, daß bei den hohen Investitionskosten für den aktiven Fahrweg nur eine Trasse infrage kommt, die ein Verkehrsaufkommen von 10 000 Personen pro Tag und Richtung erwarten läßt. Dies dürfte bei einer Verbindung Mannheim - Essen mit Anschluß der Flughäfen Frankfurt, Wahn, Düsseldorf und der Region um Limburg durchaus der Fall sein. Auch eine Verbindung von Hannover nach Berlin wäre sicher rentabel. Doch es ist verständlich, daß das Verkehrsministerium der DDR mehr an einem Ausbau der Rad-Schiene-Strecken interessiert ist. Es gibt auch Überlegungen, die fast vollendete Neubaustrecke Hannover - Würzburg für diese neue Technologie zu nutzen, indem nach einem Wirschaftlichkeitsvergleich Rad-Schiene gegen Magnetschwebetechnik, der vielleicht zugunsten der neuen Technik ausfallen würde, die Eisenbahngeleise durch einen bivalenten Fahrweg ersetzt werden. Falls ein bivalenter Fahrweg zu teuer käme und falls bis dahin noch keine bivalente Weiche [0.12] entwickelt worden ist, wäre auch daran zu denken, diese neue Trasse ausschließlich für das magnetische Schweben zu nutzen. Die Tunnelprofile der Neubaustrecke sind jedenfalls groß genug, so daß auch das größere Lichtraumprofil des Transrapid hineinpaßt.

3.5 Eine Entwicklungsstufe des elektromagnetischen Schwebens mit inhärenter transversaler Stabilität

Einige Zeit lang gab es bei der Firma Krauß-Maffei in München die Überlegung, daß, wenn das elektromagnetische Schweben schon instabil sei, es sinnvoll wäre, die Instabilität nur in einer Richtung, in der Vertikalen, inkauf zu nehmen, die transversale Richtung aber per se stabil zu gestalten. Diese Schwebeanordnung des elektromagnetischen Schwebens wurde für schutzwürdig erachtet und unter der Nr. DBP 21 34 424 als Patent angemeldet. Der an Technikgeschichte interessierte Leser kann diese Patentschrift anfordern. Wie aus Abb 3.6 hervorgeht, sind Schwebemagnete teils links, teils rechts versetzt unter und entlang einer U-förmigen Reaktionsschiene angeordnet. Das U-Profil ist nach unten offen. Durch die seitliche Versetzung entstehen Zentrierkräfte, Kräfte, die bei Auslenkung des Schwebefahrzeuges aus der horizontalen Sollage rücktreibend wirken [3.13].

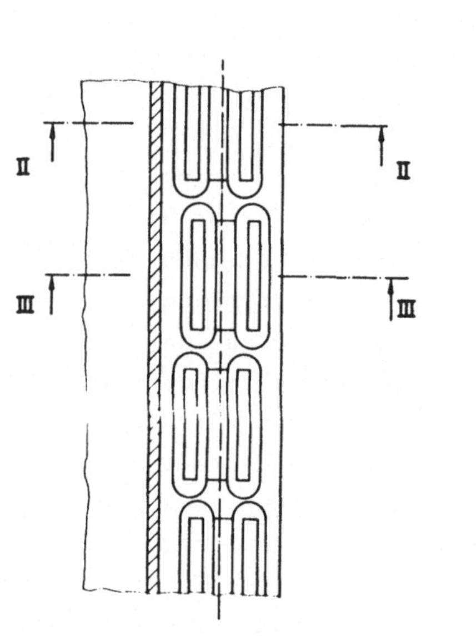

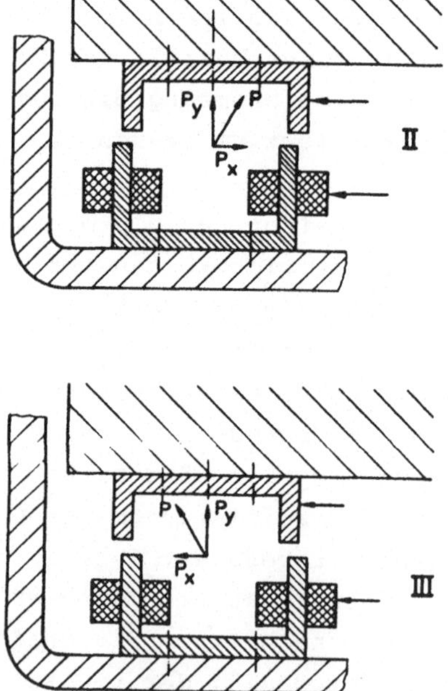

Abb. 3.6. Am Schwebefahrzeug versetzt angeordnete Schwebemagnete sorgen für rücktreibende Kräfte bei Auslenkung aus der horizontalen Sollage. Diese Schwebeanordnung wurde auf der Versuchsanlage von Krauß-Maffei in München genutzt. Nachteil: Bei transversaler Auslenkung verringert sich die vertikale Anziehungskraft d. Magnete.

Der Nachteil ist der, daß die vertikale Richtung umso instabiler wird. Denn, wenn ein Schwebemagnet bei konstanter vertikaler Spaltweite ausgelenkt wird, verringert sich die vertikale Anziehungskraft, da die sich gegenüberstehenden Flächen von Polschuh und Reaktionsschiene kleiner werden. Dieses Schwebesystem, das lange Zeit auf der Versuchsanlage von Krauß-Maffei in München eingesetzt war, soll in Abb. 3.7 noch in einer anderen Variante gezeigt werden, bei dem die Ankerschiene unter 45° dachförmig angespitzt ist. Hierbei sind die Zentrierkräfte noch größer, die vertikale Rückwirkung bei transversalen Auslenkungen nimmt aber noch zu. Grundsätzlich ist die Regelung einfacher, wenn die Vertikalkräfte nicht durch horizontale Auslenkungen beeinflußt werden [3.14].

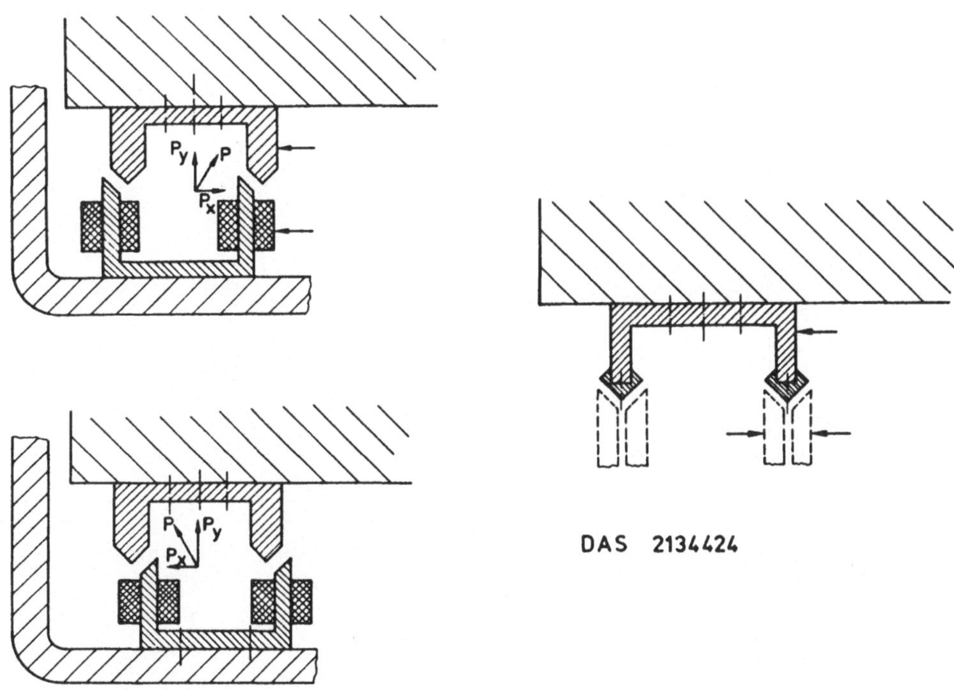

Abb. 3.7. Schwebeanordnung mit starker Zentrierwirkung bei horizontalen Auslenkungen. Die Enden der U-förmigen Ankerschiene sind dachförmig zugespitzt. Dadurch wird die Zentrierwirkung bei Auslenkungen erhöht. Nachteilig wirkt sich aus, daß bei starken Auslenkungen Berührungen zwischen zugespitzter Ankerschiene und den unter 45° schrägen Polenden der Schwebemagnete möglich werden.

Die in Abb. 3.7 gezeigte Schwebeanordnung ist nie zur Anwendung gelangt. Die Anordnung nach Abb. 3.6, die durchaus gut funktionierte, wurde durch die Schwebeanordnung nach Abb. 3.5 von Thyssen Henschel verdrängt, in der genialerweise Tragen und Antrieb gekoppelt sind [3.15], [3.17].

4 Elektrodynamisches Schweben

Das elektrodynamische Schweben basiert auf der Induktion sekundärer Ströme in elektrisch leitfähigen Materialien. Diese Induktionsströme können induziert werden:

a) durch ein zeitlich veränderliches Magnetfeld,
b) durch ein zeitlich konstantes, aber örtlich veränderliches Magnetfeld.

Vom Begriff her ist die Bezeichnung "Elektrodynamisches Schweben" (abgekürzt EDS) nicht sonderlich glücklich. Treffender wäre die Bezeichnung "Induktives Schweben". Bei Newton wurden unter Elektrodynamik Kräfte in elektrischen Feldern verstanden, was der wörtlichen Übersetzung des Begriffes gleichkommt. Die Tendenz ging aber dahin, unter Elektrodynamik auch speziell Kräfte zu verstehen, die durch örtlich und zeitlich veränderliche Magnetfelder durch Induktion sekundärer Ströme hervorgerufen werden. Da nun die Bezeichnung "Induktives Schweben" wenig gebräuchlich ist, soll im folgenden dem allgemeinen Sprachgebrauch nachkommend von "Elektrodynamischen Schweben" gesprochen werden.

Wird ein Permanentmagnet oder eine mit konstantem Strom durchflossene Spule über eine Platte aus elektrisch leitfähigem Material bewegt, so tritt am Orte des elektrisch leitfähigen Plattenmaterials ein zeitlich veränderliches Magnetfeld auf. Dabei wird angenommen, daß der homogene Teil des Feldes des bewegten Permanentmagneten oder der bewegten stromdurchflossenen Spule eine räumliche Grenze hat, die kleiner als die leitfähige Induktionsplatte ist. Wäre ein Magnetfeld sehr weit ausgedehnt und wäre die Induktionsleiterplatte klein gegen diese Ausdehnung, so würde am Ort der Induktionsplatte auch kein zeitlich veränderliches Magnetfeld entstehen. Ein zeitlich veränderliches Magnetfeld ist aber durch die Maxwellsche Gleichung

$$\dot{\vec{B}} = \text{rot}\ \vec{E} \qquad (4.1)$$

mit einem elektrischen Wirbelfeld verknüpft. Das Flächenintegral über die Rotation des elektrischen Feldes liefert das Linienintegral entlang des elektrischen Feldvektors

$$\int \mathrm{rot}\ \vec{E}\cdot d\vec{A} = \int \vec{E}\cdot d\vec{s} = U_i = \dot{\Phi}\ . \tag{4.2}$$

U_i ist diejenige Spannung, die auftritt, wenn ein Flußbündel des zeitlich veränderlichen Flusses

$$\int \dot{\vec{B}}\cdot d\vec{A}$$

von einer Leiterschleife einfach umfaßt wird, wobei die Leiterschleife zunächst nicht geschlossen sein möge. Wird nun diese Leiterschleife geschlossen, was bei einer Metallplatte ohnehin der Fall ist, so fließt ein Kurzschlußstrom, dessen Größe durch die Stärke des induzierenden Feldes selbst begrenzt ist (Gegeninduktivität). Der ohmsche Widerstand ist dabei mitverantwortlich für den zeitlichen Anstieg des Induktionsstromes. Ist der ohmsche Widerstand klein gegen den induktiven Widerstand, so wird die Stärke des induzierten Stromes fast ausschließlich durch den induktiven Widerstand bestimmt.

Im Falle der Supraleitung wird ein Induktionsstrom einmal durch das induzierende Feld beschleunigt oder "angeworfen" und fließt dann ad infinitum im Kreis herum.

Ein vorhandener ohmscher Widerstand führt dazu, daß ein einmal angeworfener Induktionsstrom mit einer durch Induktivität und ohmschen Widerstand bedingten Zeitkonstanten zum Verschwinden gebracht wird.

Wenn Induktionsleiter supraleitend ausgeführt können, kann elektrodynamisches Schweben nach dem Induktionsvorgang auch ohne weitere Bewegung von Magnetfeldern aufrechterhalten werden.

Elektrodynamisches Schweben ist nun in mehrfacher Weise möglich:

a) Indem eine zum Schweben zu bringende Last, die an ihrer Unterseite zeitlich konstante Magnetfelder trägt (Permanentmagnete oder stromdurchflossene Spulen) und diese Last mit hinreichender Geschwindigkeit über Induktionsplatten aus elektrisch leitfähigem Material hinwegbewegt wird.

b) Indem eine zum Schweben zu bringende Last an ihrer Unterseite Magnete mit zeitlich veränderlichen Magnetfeldern trägt, ein Schweben im Stand ist möglich.

Eine Umkehrung dieser beiden Fälle ist naturgemäß auch möglich:

c) Indem zeitlich konstante Felder entlang einer Bahn bewegt werden und in den Reaktionsschienen oder Reaktionsplatten unter der zu schwebenden Last Induktionsströme erzeugen.

d) Indem zeitlich veränderliche Magnetfelder, die ortsfest in einer Trasse stehen, an der Unterseite der zum Schweben zu bringenden Last Induktionsströme in fest mit dem Fahrzeug verbundenen Induktionsplatten erzeugen.

Die vier hier aufgeführten Möglichkeiten werden von der Abbildung 4.1 erläutert. Zu Fall c) gäbe es Anwendungen im Maschinenbau.

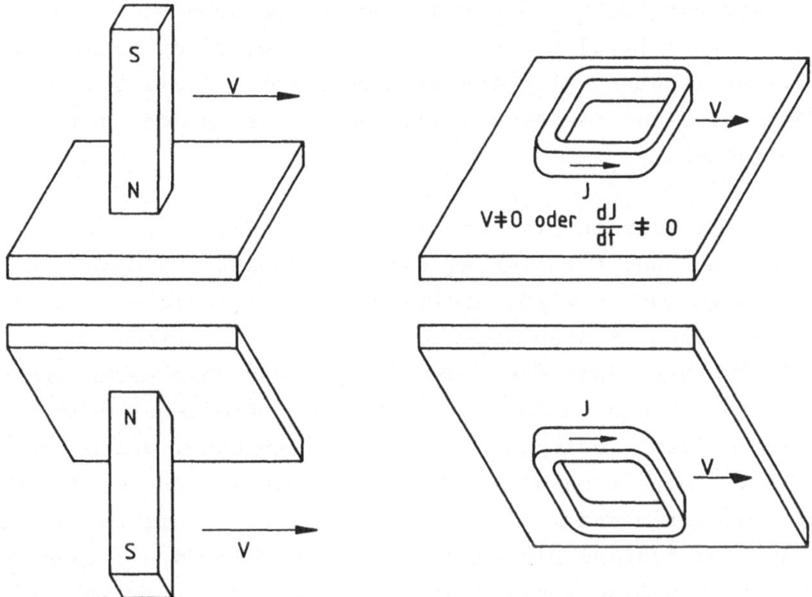

Abb. 4.1. Vier Möglichkeiten der elektrodynamischen Erzeugung von Abstoßungskräften. Obere Reihe: Ein Permanentmagnet oder eine stromdurchflossene Spule wird über eine elektrisch leitfähige Platte hinwegbewegt und erzeugt Induktionsströme. Die stromdurchflossene Spule kann sich auch in Ruhe befinden, ihr Stromfluß muß sich dann aber zeitlich ändern.
Untere Reihe: Die Umkehrung von aktivem und passivem Element ist auch möglich. Ein Permanentmagnet oder eine stromdurchflossene Spule wird unter dem elektrisch leitfähigen Boden einer Last bewegt und erzeugt abstoßende Kräfte. Eine Spule mit zeitlich veränderlichem Strom kann auch in Ruhelage der zum Schweben zu bringenden Last abstoßende Kräfte gegen die Induktionsplatte hervorbringen.

4.1 Herleitung der Schwebekräfte bei sehr kleiner Leitfähigkeit der Induktionsleiter und vernachlässigbarer Induktivität

Wenn der Ohmsche Widerstand groß ist gegen den induktiven Widerstand, kann der induktive Widerstand, hier die Gegeninduktivität, vernachlässigt werden. Die Gegeninduktivität ist im anderen Falle deswegen in Rechnung zu bringen, weil auch der induzierte Strom eine Rückwirkung auf den Primärkreis ausübt. Die Gegeninduktivität ist in nicht idealisierten Spulenanordnungen etwas schwer zu berechnen. Diese Berechnung würde den Rahmen dieses Buches sprengen. Es wird daher auf die Literatur vewiesen [4.1].

Experimentell ist eine Anordnung mit hohem Ohmschen Widerstand und geringer Gegeninduktivität dadurch leicht zu verifizieren, daß für den Induktionsleiter ein Material mit geringer Leitfähigkeit σ verwendet wird. Dieses Gedankenexperiment soll deswegen angestellt werden, damit derjenige Leser, der nicht die Herleitung der Schwebe- und Bremskräfte in der Fachliteratur [4.2] nachvollziehen möchte, sehen kann, wie in einem sehr vereinfachten Falle der primäre Strom I_p, die Leiterdicke d, die Leitfähigkeit σ und die Abmessungen der Spule in den Ausdruck für die Kräfte eingehen.

Wir stellen uns eine Spule mit rechteckigem Grundriß vor, die nur eine einzige Windung hat und transversal zur Figurenachse homogen vom primären Strom I_p durchflossen wird. Abbildung 4.2 zeigt diese stromdurchflossene Spule, deren Kantenlängen a + d bzw. b + d sind, wobei d die Leiterdicke ist. Ihre Länge l sei groß gegen oder aber nicht kleiner als a oder b, so daß man von einem einigermaßen homogenen Magnetfeld im lichten Raume dieses offenen Kastens ausgehen kann. Diese kastenförmige Spule werde über einen gleich hohen zweiten Kasten aus dem gleichen Material gehalten und mit der Geschwindigkeit v horizontal bewegt. Dabei soll nur der Zustand betrachtet werden, in dem die beiden Spulen in ihrer zentrierten Lage wenig voneinander abweichen. Es soll also nur ein sehr kleiner Teil des Flusses der primären Spule die sekundäre Spule nicht treffen. Zur Erklärung der Induktion genügt ein infinitesimal kleines Stück der Versetzung vollkommen, das sehr klein gegen die Kanntenlänge a oder b ist. In der zentrierten Lage wird ein bestimmter Anteil des Flusses des stromduchflossenen oberen Kastens von dem unteren Kasten erfaßt. Dieser Anteil werde mit c bezeichnet, wobei c kleiner als 1 ist, aber auch nicht viel kleiner.

Der elektrische Widerstand des unteren Kastens in Stromrichtung ist

$$R = \frac{2(a + b)}{l\ d\ \sigma} . \qquad (4.3)$$

Der induzierte Strom I_i ist dann

$$I_i = \frac{U_i}{R} = \frac{\mu_0\ U_i\ l\ d\ \sigma}{2(a + b)} . \qquad (4.4)$$

Das in dem unteren Kasten induzierte Magnetfeld, das vom induzierten Strom I_i hervorgerufen wird, ist dann

$$B_i = \frac{\mu_0\ U_i\ d\ \sigma}{2(a + b)} . \qquad (4.5)$$

Dabei ist die Länge l herausgekürzt worden. Da $U_i = \dot{\Phi}$ ist, kann geschrieben werden

$$B_i = \frac{c\ \mu_0\ \dot{\Phi}\ d\ \sigma}{2(a + b)} . \qquad (4.6)$$

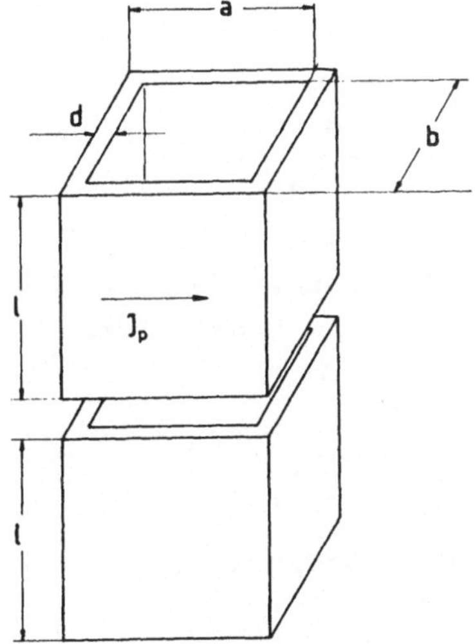

Abb. 4.2. Anschauungsmodell für eine primitive Herleitung des Zusammenhanges zwischen primärem Strom und Abstoßungskräften. Der obere Kasten mit der Wandstärke d wird homogen vom Strom I_p in Pfeilrichtung durchflossen. Der obere Kasten möge sich mit der Geschwindigkeit v über den gleichgroßen unteren Kasten hinwegbewegen. Dabei wird im unteren Kasten ein dem primären Strom entgegengerichteter Iduktionsstrom induziert.

$\dot{\Phi}$ ist die zeitliche Änderung des magnetischen Flusses des oberen Kastens, und $c\dot{\Phi}$ ist die zeitliche Flußänderung, die vom unteren Kasten erfaßt wird. Bei einem mit der Geschwindigkeit v bewegten Feld der Stärke B des oberen Kastens folgt

$$\dot{\Phi} = (b\ [\vec{v} \times \vec{B}])\ , \tag{4.7}$$

wobei in diesem Falle, da alle Winkel 90° sind, sich $\dot{\Phi} = b\ v\ B$ ergibt. Setzt man diesen Ausdruck in (4.6) ein, so erhält man

$$B_i = \frac{c\ \mu_0\ b\ v\ B\ d\ \sigma}{2(a + b)}\ . \tag{4.8}$$

Für a = b folgt

$$B_i = \frac{c\ \mu_0\ v\ B\ d\ \sigma}{4}\ . \tag{4.9}$$

Auch die Größe b ist jetzt herausgekürzt worden. Es gilt für ein homogenes Feld

$$\Phi_i = B_i\ b^2 \tag{4.10}$$

und somit

$$\Phi_i = \frac{c\ \mu_0\ d\ \sigma\ v\ B\ b^2}{4}\ . \tag{4.11}$$

Die Kraft F_z, mit welcher die obere kastenförmige Spule angehoben wird, wenn sie sich mit der Geschwindigkeit v transversal zur Spulenachse bewegt, ist

$$F_z = \frac{1}{\mu_0}\ B\ \Phi_i\ . \tag{4.12}$$

Nach Einsetzen des Ausdrucks für Φ_i aus (4.11) in (4.12) folgt

$$F_z = \frac{c\ B^2\ v\ d\ \sigma\ b^2}{4}\ . \tag{4.13}$$

Jetzt erweitern wir wieder den Ausdruck aus (4.13) mit μ_0/μ_0 und bezeichnen die Größe

$$\frac{\mu_0 \, d \, \sigma}{2} = \frac{1}{v_0} \quad . \tag{4.14}$$

Es folgt dann

$$F_z = \frac{c}{2\mu_0} B^2 \, b^2 \, \frac{v}{v_0} \quad . \tag{4.15}$$

Für B gilt

$$B = \frac{\mu_0 \, I_p}{l} \quad . \tag{4.16}$$

Wenn wir die Beziehung aus (4.16) in (4.15) einsetzen, so folgt

$$F_z = \frac{\mu_0 \, c}{2} I_p^2 \, \frac{b^2}{l^2} \, \frac{v}{v_0} \quad . \tag{4.17}$$

Diese auf primitive Weise gefundene Formel für die Hubkraft hat einen ähnlichen Aufbau wie die exakt hergeleitete Formel von Urankar und Miericke [4.3], [4.4]. Beide Formeln enthalten einen Stromterm, in (4.17) $c \, \mu_0 \, I_p^2$, einen Geometrieterm in (4.17) nur $(b/l)^2$ und einen Geschwindigkeitsterm, in (4.17) nur v/v_0.

Bezüglich des Vorzeichens der Kraft beim Wechsel des Vorzeichens der Geschwindigkeit v ist zu bemerken, daß die ausgeübte Kraft in jedem Falle abstoßend wirkt. Folglich wechselt die Kraft nicht ihre Richtung, wenn die Geschwindigkeit ihre Richtung wechselt. In (4.17) wären also am Geschwindigkeitsterm Betragsstriche anzubringen.

Auch die longitudinal wirkende Kraft ist in jedem Falle abstoßend, nur wechselt diese Bremskraft ihr Vorzeichen, wenn sich die Richtung der Geschwindigkeit ändert. In der primitiv hergeleiteten Beziehung (4.17) wurde nach Hubkraft und Bremskraft nicht unterschieden. Wie wir nachher sehen werden, unterscheiden sich beide Kräfte bei exakter Herleitung nur im Geschwindigkeitsterm.

Gleichung (4.14) bedarf noch der Erläuterung: Durch eine Dimensionsbetrachtung kann man zeigen, daß $\mu_0 \, d \, \sigma$ die Dimension einer reziproken Geschwindigkeit hat:

$$\frac{V\,s}{A\,m} \; \frac{m}{\frac{V}{A}\,m} = \frac{s}{m}$$

Die Zusammenfassung der Größen $\mu_0 \sigma d$ hat den entscheidenden Vorteil, daß in v/v_0 nunmehr - wie auch im Geometrieterm - eine dimensionslose Größe entstanden ist. Wie man leicht zeigen kann, resultiert als Einheit der Kraft für $\mu_0 I_p^2$ die Einheit Newton [N].

Urankar und Miericke [4.3], [4.4] finden durch eine nicht ganz einfache Herleitung für die Hubkraft den Ausdruck

$$F_z = \frac{\mu_0}{\pi} I_p^2 \cdot \frac{a^2 b}{z(z^2 + a^2)} \cdot \frac{\left(\frac{v}{v_0}\right)^2}{1 + \left(\frac{v}{v_0}\right)^2} . \tag{4.18}$$

Dabei ist z die Schwebehöhe der Spule, gemessen von Spulenmittelebene bis zur Oberfläche der Induktionsleiterplatte, b ist die Breite der Spule transversal zur Bewegungsrichtung, und a ist der Abstand der Leiter der rechteckigen Spule, die transversal zur Bewegungsrichtung verlaufen. Die Abbildung 4.3 verdeutlicht diese Zusammenhänge. In dieser exakten Formel kommt durch die quadratische Abhängigkeit von der Geschwindigkeit v auch deutlich zum Ausdruck, daß die Richtung der Hubkraft von der jeweiligen Richtung der Geschwindigkeit unabhängig ist.

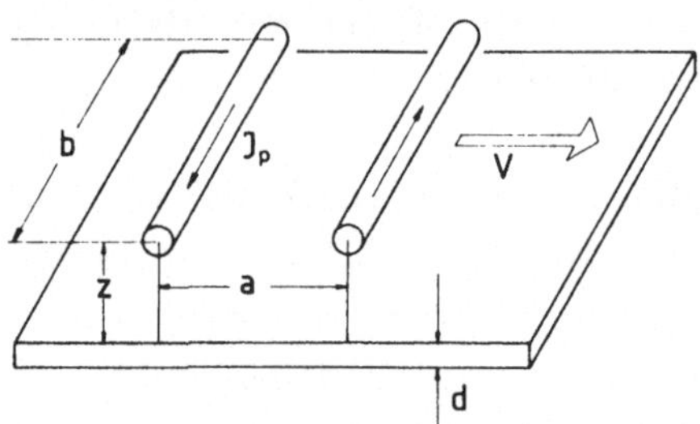

Abb. 4.3. Normalfluß-Schwebeanordnung mit Erläuterung der Größen b = Breite der Spule, a = Abstand der parallelen entgegengerichteten Ströme, z = Schwebehöhe = Höhe der Ströme über der Induktionsplattenoberfläche. Die stromdurchflossene Spule möge sich mit der Geschwindigkeit v entlang der Platte mit der Dicke d bewegen. Dabei werden Hub- und Bremskräfte erzeugt.

Um eine Vorstellung davon zu bekommen, wie falsch (4.17) für einen realistischen Fall ist, sollen anhand von Werten die Ergebnisse nach (4.17) und nach (4.18) verglichen werden. Der Stromterm möge durch $c = 2/\pi$ in beiden Formeln gleich gemacht werden. Für den Geometrieterm von (4.18) wird angesetzt:

Schwebehöhe z = 0,25 m,
Spulenbreite b = 0,50 m,
(siehe Abb. 4.3) Spulenbreite a = 0,50 m.

Es folgt

$$\frac{a^2 b}{z(z^2 + a^2)} = 1,6 \quad .$$

Den gleichen Wert erhalten wir für (4.17) bei den folgenden Abmessungen

Spulenbreite	b = 0,5 m	(transversal zur Bewegungsrichtung)
Spulenbreite	a = 0,5 m	(parallel zur Bewegungsrichtung)
Spulenhöhe	l = 0,395 m	(Höhe des offenen Kastens, vergl. Abb. 4.2)

Die Vernachlässigung des Einflusses der Schwebehöhe auf die Hubkraft ist in der Konstanten c versteckt, denn je nach Schwebehöhe wird der Flußanteil, der von der Sekundärspule erfaßt wird, kleiner werden.

Kommen wir zur wesentlichsten Abhängigkeit, zum Geschwindigkeitsterm: Die Abhängigkeit in der primitiv hergeleiteten Beziehung (4.17) ist eine lineare. D.h., für die Hubkraft gibt es keine Grenze. Dies ist verständlich, da wir ja von einem verschwindenden induktiven Widerstand ausgegangen waren. Im Bereich kleiner Geschwindigkeiten zeigt sich aber auch ein erheblicher Unterschied: Wenn v sehr klein ist, also $v/v_0 \ll 1$ ist, folgt für diesen Bereich eine quadratische Abhängigkeit der Hubkraft F_z von der Geschwindigkeit v.

Für eine 0,02 m starke Aluminiumplatte ergibt sich v_0 zu 2,57 m/s. Bei dieser Geschwindigkeit ist der Geschwindigkeitsterm von (4.17) doppelt so groß wie derjenige in (4.18). Zumindest die Größenordnung stimmt bei (4.17). Wichtiges Ergebnis der primitiven Herleitung ist - und dies sollte gezeigt werden - die quadratische Abhängigkeit der Hubkraft vom primären Strom I_p.

4.2 Hubkraft und Bremskraft beim Normalfluß-System

Wenn die Richtung der Hubkraft der Schwerkraft entgegen - also nach oben gerichtet - mit positivem Vorzeichen versehen wird, muß die Bremskraft mit negativem Vorzeichen angesetzt werden. Das bedeutet, daß die Bremskraft stets der Richtung der Bewegung entgegengesetzt ist [4.5], [4.6]. Für die Bremskraft beim elektrodynamischen Schweben und zwar beim so bezeichneten Normalfluß-System wird nach exakter Herleitung, die hier nicht nachvollzogen werden soll, ein sehr einfacher Zusammenhang für die Bremskraft F_s gefunden, nämlich

$$F_s = - \frac{F_z}{v/v_0} . \qquad (4.19)$$

Setzen wir in (4.19) den Ausdruck für die Hubkraft F_z (4.18) ein, so erhalten wir für die Bremskraft F_s

$$F_s = - \frac{\mu_0}{\pi} I_p^2 \frac{a^2 b}{z(z^2 + a^2)} \frac{v/v_0}{1 + (v/v_0)^2} . \qquad (4.20)$$

Der Begriff Normalfluß-System bedarf noch der Erklärung. Diese Bezeichnung soll andeuten, daß der magnetische Fluß senkrecht (normal) auf der Induktionsleiterplatte steht - im Gegensatz zum später zu behandelnden Nullfluß-System, bei dem der magnetische Fluß den Induktionsleiter tangiert bzw. mit einem kleinen Winkel schneidet.

Aus (4.19) können wir das Verhältnis von Hubkraft F_z zu Bremskraft F_s bilden. Dabei gehen wir davon aus, daß sich das System im Gleichgewicht befindet, folglich die Hubkraft entgegengesetzt gleich der Gewichtskraft des Schwebefahrzeuges ist. Das Verhältnis von Bremskraft zu Gewichtskraft (= Auftriebskraft) wird beim Fliegen von Flugzeugen als Gleitzahl bezeichnet. Denn gleitet ein Flugzeug mit einem Winkel ab, der dem Verhältnis von Bremskraft zu Gewichtskraft entspricht, so kann es sich ohne Motorantrieb, angetrieben nur durch die Schwerkraft, gegen die Reibungskräfte mit konstanter Geschwindigkeit fortbewegen. Aus (4.19) folgt

$$\frac{F_z}{F_s} = - \frac{v}{v_0} = \text{reziproke Gleitzahl.} \qquad (4.21)$$

Die Größe v_0/v wäre also in dem obengenannten Sinne die Gleitzahl (z.B. 1 : 50). Ist $v = v_0$, so wird die Gleitzahl gleich 1, und die Bremskraft ist genauso groß wie die Hubkraft.

Elektrodynamisches Schweben bei der Geschwindigkeit v_0 ist illusorisch. Man denke nur an den Energieverbrauch. Wenn aber $v = 10\ v_0$ wird, ist die Gleitzahl 1 : 10, und es kann mit dem Schweben begonnen werden. Das bedeutet, daß beim elektrodynamischen Schweben ein Start auf rollenden Rädern wie beim Flugzeug nötig wäre, bis die Hubkraft (der Auftrieb) genügend groß ist, und die Bremskraft genügend abgefallen ist. Bei $v = 10\ v_0$ hat die Hubkraft einen Wert erreicht, der nur um 1 % unter dem Maximalwert für für beliebig große Geschwindigkeit v liegt. Wenn $v = 5\ v_0$ ist, beträgt die Hubkraft bereits 96 % ihres Maximalwertes, die Bremskraft ist aber doppelt so groß wie bei $v = 10\ v_0$, die Gleitzahl wäre 1 : 5. Empfehlenswert ist es, bei $v = 10\ v_0$ mit dem Schweben zu beginnen. In der Realität sieht das dann so aus, daß erst bei dieser Abhebegeschwindigkeit die Fahrzeugmagnete ausgefahren werden, um nicht vorher zu große Bremskräfte zu erzeugen. Aus (4.14) ergab sich für eine 0,02 m starke Aluminiumplatte v_0 zu $v_0 = 2{,}57$ m/s. Die Abhebegeschwindigkeit $v = 10\ v_0$ ergibt sich dann zu v = 93 km/h.

Die Geschwindigkeit v_0 ist durch zwei Größen bestimmt, die Leitfähigkeit σ und die Plattenstärke d. Je größer das Produkt $d\ \sigma$ ist, desto kleiner wird v_0.

Durch den *Skineffekt* sind aber der Wirksamkeit der Plattenstärke Grenzen gesetzt. Als Skineffekt wird bekanntlich die Verdrängung des Stromes an die Leiteroberfläche bezeichnet, welche durch die große zeitliche Änderung des Magnetfeldes zustandekommt. Die Gleichungen für Hub- und Bremskraft sind daher nicht exakt gültig, vielmehr muß eine effektive Plattenstärke berücksichtigt werden, die mit wachsender Geschwindigkeit v abnimmt. Die Bremskraft wird daher nicht exakt mit 1/v bis zu $v = 54\ v_0$ (= 500 km/h) abnehmen. Sie ist mit einem Faktor zu versehen, der in etwa quadratisch mit der Geschindigkeit zunimmt und bei v = 140 m/s den Wert 1,5 hat. Die effektive Plattenstärke beträgt daher nur 13 mm anstelle der tatsächlichen 20 mm. Da Kupfer als Reaktionsleiter zu teuer ist, wäre es sinnlos, eine höhere Leitfähigkeit σ als die des Aluminiums anzustreben.

Etwas ganz anderes ist es, sich um supraleitende Reaktionsplatten zu bemühen. Im Falle der Supraleitung könnten die Bremskräfte allerdings fast zum Verschwinden gebracht werden. Jedoch ist jetzt noch nicht absehbar, wann Supraleiter gefunden werden, die auch bei Raumtemperatur supraleitend bleiben. Wiederum wäre es zu aufwendig, eine ganze Trasse auf der Temperatur des flüssigen Stickstoffs zu halten.

Für lange Zeit wird das elektrodynamische Schweben - trotz supraleitender Spulen im Schwebefahrzeug - aufgrund der normalleitenden Reaktionsplatten in der Trasse eine sehr energieaufwendige Art des magnetischen Schwebens bleiben.

Supraleitende Spulen im Schwebefahrzeug sind deswegen unerläßlich, weil Permanentmagnete, z.B. aus $SmCo_5$, nicht die hohen Feldstärken erreichen wie supraleitende Spulen. Die Magnetisierung an der Oberfläche der Samarium-Kobalt-Magnete beträgt 1,2 T, während mit supraleitenden Spulen leicht 5 T erreicht werden können. Ein Schwebefahrzeug, das für elektrodynamisches Schweben mit Permanentmagneten ausgerüstet ist, würde viel zu schwer werden. Vorausgesetzt, die Permanentmagnete mit gleicher Polfläche wie die supraleitenden Spulen wiegen genausoviel wie die supraleitenden Spulen samt Kühlkreisläufen für flüssiges Helium und flüssigen Stickstoff, so würde die Zahl der Permanentmagnete - wegen der quadratischen Abhängigkeit der Hubkraft von der Stärke des primären Feldes - um den Faktor 16 vermehrt werden müssen, wenn man in beiden Fällen die gleiche Hubkraft erreichen will. Einfacher erscheint daher die Lösung - wie bereits praktiziert -, mit supraleitenden Spulen zu arbeiten.

Fremderregte Magnete mit Eisenkern kommen deswegen nicht infrage, weil das im Reaktionsleiter induzierte Feld den Eisenkern des induzierenden Magneten anziehen würde, anstatt - wie es sein soll - das Schwebefahrzeug abzustoßen, also anzuheben.

Da wir nach (4.14) $v_0 = 2/\mu_0 d\sigma$ gesetzt haben, können wir schreiben

$$v \mu_0 d \sigma/2 = v/v_0 = \phi . \qquad (4.22)$$

Dabei ist $1/\phi$ die oben erwähnte Gleitzahl. Die Formeln für die Hub- und die Bremskraft mögen mit dieser Abkürzung nochmals aufgeschrieben werden. Die normierte Geschwindigkeit ϕ ist nunmehr dimensionslos und die Beziehungen für Hub- und Bremskraft werden übersichtlicher. Und da sich an der Leitfähigkeit von Aluminium nicht viel ändern läßt und auch die Plattenstärke d nicht wesentlich vergrößert werden kann, wird v_0 in den meisten Fällen als relativ unvariabel angesehen werden können.

In dieser übersichtlicheren Schreibweise lauten die Beziehungen für Hubkraft und Bremskraft also:

$$\text{Hubkraft} \qquad F_z = \frac{\mu_0}{\pi} I_p^2 \frac{a^2 b}{z(z^2 + a^2)} \frac{\phi^2}{1 + \phi^2} \tag{4.23}$$

$$\text{Bremskraft} \qquad F_s = \frac{\mu_0}{\pi} I_p^2 \frac{a^2 b}{z(z^2 + a^2)} \frac{\phi}{1 + \phi^2} \tag{4.24}$$

Wechselt die Geschwindigkeit v ihr Vorzeichen, so ändert sich die Richtung der Hubkraft nicht. Die Bremskraft F_s hingegen ändert ihr Vorzeichen, wenn die Bewegungsrichtung umgekehrt wird. Die Abbildung 4.4 veranschaulicht den Verlauf von Hub- und Bremskraft über die Geschindigkeit.

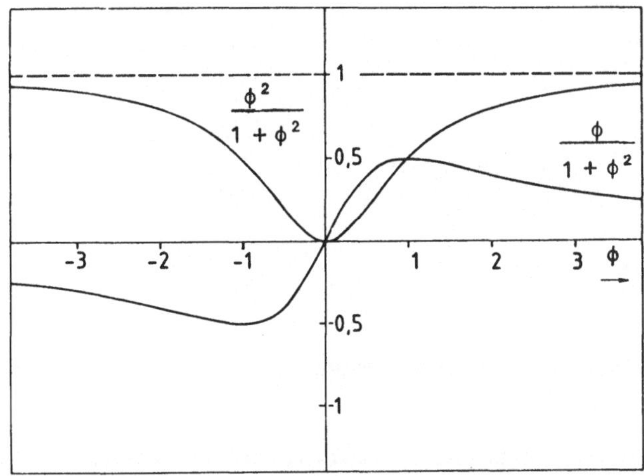

Abb. 4.4. Hubkraft und Bremskraft des Normalfluß-Schwebesystems in Abhängigkeit von der normierten Geschwindigkeit ϕ. Die Hubkraft steigt bei sehr kleinen Geschwindigkeiten quadratisch an, es folgt ein in etwa linearer Anstiegsbereich, und schließlich biegt die Kurve in die Approximation an den Grenzwert ein (gestrichelte Linie). Die Bremskraft steigt linear an, erreicht ein Maximum bei $\phi = 1$ und fällt reziprok zur normierten Geschwindigkeit $\phi = v/v_0$ ab. Die normierte Geschwindigkeit ist $\phi = d\, \mu_0\, \sigma\, v/2$. Bei negativer Geschwindigkeit wechselt die Hubkraft ihr Vorzeichen nicht, wohl aber die Bremskraft.

Für $\partial F_s/\partial \phi = 0$ folgt das Bremskraftmaximum bei $\phi = 1$. Bei diesem Wert sind die Hubkraft und die Bremskraft gleich groß. Die Hubkraft hat bereits ihren halben Maximalwert erreicht. Die Leistung zur Überwindung der Bremskraft ist aus (4.21) ableitbar. Bezieht man diese Leistung auf das Fahrzeuggewicht, das mit der Hubkraft im Falle des Gleichgewichtes zwischen Hub- und Gewichtskraft identisch ist, so folgt, da Leistung = Kraft mal Geschwindigkeit ist:

$$\frac{F_s \, v}{F_z} = v_0 \; . \tag{4.25}$$

Da die Kraft in Newton [N] gemessen wird, die Fahrzeugmasse aber in Megagramm [Mg], was früher Tonnen hieß, ist dieser Wert noch mit der Erdbeschleunigung g zu multiplizieren, wenn man die spezifische Leistung pro Masse des Fahrzeugs erhalten will. Es gilt

$$\frac{F_z}{g} = \text{Fahrzeugmasse} \; . \tag{4.26}$$

Für die spezifische Leistung zur Überwindung allein der Wirbelstromverluste in den Reaktionsplatten, welche durch die nötige Hubkraft bedingt sind, folgt dann

$$\frac{F_s}{F_z} = v_0 \, g \; . \tag{4.27}$$

Für $v_0 = 2{,}57$ m/s folgt

$$\frac{F_s}{F_z} \, g = 25{,}2 \text{ kW/Mg} \; . \tag{4.28}$$

Diese Größe heißt spezifische installierte Leistung, und sie wurde früher in [kW/t] angegeben. Die Größe [kW/Mg] ist nun identisch mit der Größe [m^2/s^3]. Diese Größe ist das Produkt aus Beschleunigung und Geschwindigkeit [m/s^2][m/s]. Wenn eine Kraft direkt auf das Fahrzeug wirkt und nicht über ein Getriebe mit Verlusten, so kann die eine Größe mit der anderen gleichgesetzt werden. Bei direktem Antrieb könnte die spezifische Leistung bei einer Geschwindigkeit von 25,2 m/s einem Schwebesystem (ohne rotierende Massen!) eine Beschleunigung von 1 m/s^2 erteilen.

Aufgrund des Skineffektes aber muß die spezifische zu installierende Leistung zur Überwindung der Wirbelstromverluste in den Induktionsleitern bei v = 500 km/h um etwa 50 % erhöht werden und 38 kW/Mg betragen.

Diese spezifische installierte Leistung reicht jedoch noch nicht aus, da ein Schwebefahrzeug auch seitlich geführt und gestützt werden muß. Für die seitliche Abstützung genügt etwa ein Drittel der Tragkräfte, vielleicht auch noch weniger. Maximal kommen durch die seitliche Zwangsführung, bei der sich Kräfte von links und von rechts zum Teil kompensieren, noch 12 kW/Mg hinzu. Insgesamt wäre also eine Leistung von ca. 50 kW/Mg zu installieren, die nur die Aufgabe hat, bei 500 km/h die durch Tragen und Führen verursachten Wirbelstromverluste zu kompensieren. Es ist daher verständlich, daß noch über andere Magnetfeldanordnungen nachgedacht wird, die weniger Wirbelstromverluste in den Induktionsleitern verursachen. Dies ist der Fall bei der schon erwähnten Nullfluß-Anordnung.

Bei der Normalfluß-Schwebeanordnung beträgt die Gleitzahl für 500 km/h im Vakuum, also ohne Berücksichtigung der Luftwiderstände 1 : 27. Sollte man da nicht supraleitende Reaktionschienen anstreben?

4.3 Hubkraft und Bremskraft beim Nullfluß-System

Die Grundidee des Nullfluß-Systems verfolgt das Ziel, bei gleicher Schwebekraft weniger Ohmsche Verluste in den Reaktionsleitern hervorzurufen. Der Name Nullfluß-System rührt daher, daß eine Spulenanordnung benutzt wird, bei der in zentrierter Lage des Reaktionsleiters kein magnetischer Fluß den Reaktionsleiter durchdringt. Bei diesem Nullfluß-System ist der Reaktionsleiter mittig oder etwas dezentriert in einem magnetischen Quadrupolfeld angeordnet, und das Quadrupolfeld wird am Reaktionsleiter entlanggeführt. Wenn der Reaktionsleiter sehr dünn ist und deckungsgleich mit einer von zwei Hauptsymmetrieebenen des Quadrupolfeldes liegt, in der die Vertikalkomponente der Feldstärke = 0 ist, so wird fast überhaupt kein Strom induziert, und es resultiert weder eine Bremskraft noch eine Hubkraft. Wird die Reaktionsplatte, die natürlich eine Dicke d haben muß, damit überhaupt ein Strom fließen kann, um den Betrag Δz dezentriert, so treten beide, die Hubkraft und die Bremskraft auf. Der Unterschied zum Normalfluß-System bsteht nun darin, daß die Bremskraft quadratisch und die Hubkraft linear mit der Auslenkung Δz anwächst.

Beim Normalfluß-System sind beide Kräfte, die Hub- und die Bremskraft, stets einander proportional und mit dem gleichen Geometrieterm verknüpft (siehe (4.23) und (4.24)). Dieser Geometrieterm lautet:

$$\frac{a^2\, b}{z(z^2 + a^2)}$$

Wird die Schwebehöhe z klein gegen a, z.B. z = 0,1 m und a = 0,5 m, so kann der Geometrieterm zu b/z vereinfacht werden. Der Fehler im Nenner des obigen Geometrieterms beträgt dann 4 %, wenn z^2 als Summand in der Klammer vernachlässigt wird. Der Geometrieterm der Hubkraft beim Nullfluß-System ist nun

$$\frac{b}{z_0}\,\frac{\Delta z}{z_0}\,. \qquad (4.29)$$

Dabei ist z_0 hier der Abstand von der Spulenmittelebene bis zur Plattenmittelebene, wie aus der umseitig gezeigten Abb. 4.5 hervorgeht. Zur Unterscheidung von Nullfluß-System und Normalfluß-System ist hier die Größe z mit dem Index 0 versehen worden. Denn auch der Abstand der Spulen voneinander bleibt konstant, und z_0 ist daher keine Variable.

Sehen wir uns den Geometrieterm (4.29) an, so fällt auf, daß die Hubkraft des Nullfluß-Systems um den Faktor $\Delta z/z_0$ vermindert ist. Der Geometrieterm für den Ausdruck für die Bremskraft, der reziprok zur Geschwindigkeit v abfällt (es gibt noch einen, der proportional zur Geschwindigkeit v zunimmt), führt in Zähler ein Δz^2.

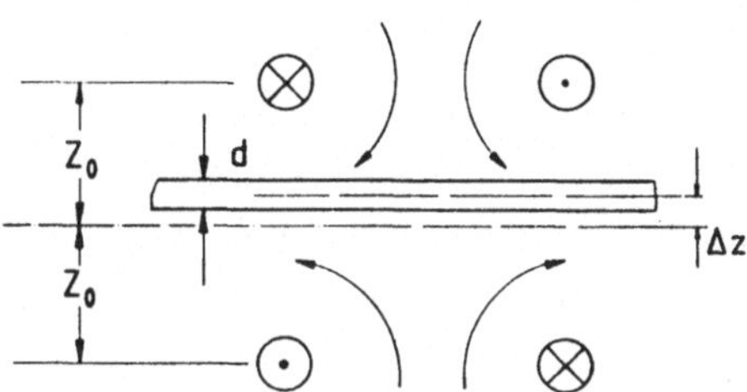

Abb. 4.5. Nullfluß-Schwebeanordnung. Zwei Spulen, eine unter und eine über der Reaktionsplatte erzeugen ein magnetisches Quadrupolfeld. Bei Auslenkung der Reaktionsplatten um den Betrag Δz werden abstoßende Kräfte ausgeübt, wenn sich die Anordnung mit der Geschwindigkeit v entlang der Platte bewegt, oder aber die Konfiguration in Ruhe bleibt und der durch die Spulen fließende Strom sich zeitlich ändert.

Der Vorteil, daß die Bremskraft quadratisch mit Δz ansteigt, was für kleine Δz sehr wichtig ist, wird damit bezahlt, daß die Hubkraft um den Faktor $\Delta z/z_0$ kleiner ist als beim Normalfluß-System. Wenn z.B. die Verlustleistung in den Reaktionsschienen auf die Hälfte vermindert werden soll, so muß die Zahl der Tragmagnete gleicher Stromstärke und gleicher Stromdichte und auch gleicher Polstärke entsprechend erhöht werden.

Bei gleicher Verlustleistung pro Fahrzeuggewicht muß die Zahl der supraleitenden Magnetspulen mindestens verdoppelt werden, da ja oberhalb und unterhalb der Reaktionsplatte Magnete angebracht werden müssen, um das Quadrupolfeld zu erzeugen.

An einem speziellen Beispiel wird nachher gezeigt werden, daß die erwünschte Halbierung der Verlustleistung in den Reaktionsplatten eine zwanzigfache Zahl der supraleitenden Spulen mit gleicher Polstärke mit sich bringt. Energiesparen muß also mal wieder mit höheren Investitionskosten bezahlt werden.

Wenn allerdings die seitliche Führung, die ja unbedingt nötig ist, mit dem vertikalen Tragen in einem Quadrupolfeld mit kreuzförmiger Reaktionsschiene vereinigt wird, erhöht sich die Zahl der nötigen supraleitenden Spulen nur um einen Faktor zehn. Die kreuzförmige Reaktionsschiene bringt nun wiederum technische Schwierigkeiten mit sich. Z.B. ist ein Hochheben des Fahrzeuges von der Trasse dann nicht mehr möglich, weil die kreuzförmige Reaktionsschiene nur horizontal zwischen die Feldspulen eingeschoben werden kann. Auf jeden Fall aber sollte die Nullfluß-Anordnung für die seitliche Führung des Fahrzeugs benutzt werden, wenn das Tragen mit der Normalfluß-Anordnung bewerkstelligt wird. Hierfür wird dann auch keine kreuzförmige Reaktionsschiene gebraucht, sondern nur eine vertikal stehende Reaktionsplatte, die von unten in den lichten Raum zwischen den Quadrupolfeldspulen eintauchen kann, wenn das Fahrzeug von oben auf die Trasse aufgesetzt wird. Als spezifische Verlustleistung tritt in diesem Falle ein Wert von 38 + 4 = 42 kW/Mg auf, während bei Nullfluß-Anordnung für Tragen und Führen ein Wert von 19 + 4 = 23 kW/Mg bei einer Geschwindigkeit von 139 m/s = 500 km/h erreichbar ist.

Eine Herleitung der Formeln für die Hub- und Bremskraft beim Nullfluß-System ist in der Fachliteratur zu finden [4.2], [4.3], [4.7], [4.8]. Diese Herleitungen würden den Rahmen dieses Buches sprengen. Die Beziehungen werden daher ohne Herleitung angegeben:

Hubkraft

$$F_z = \frac{\mu_0}{\pi} I_p^2 \frac{b\,\Delta z}{z_0^2} \frac{\left(\frac{v}{v_0}\right)^2}{1 + \left(\frac{v}{v_0}\right)^2} , \tag{4.30}$$

Bremskraft

$$F_s = \frac{\mu_0}{\pi} I_p^2 \frac{b\,\Delta z^2}{z_0^3} \left[\frac{\frac{v}{v_0}}{1 + \left(\frac{v}{v_0}\right)^2} + \frac{d^2}{12\,\Delta z^2} \frac{v}{v_0} \right] \tag{4.31}$$

Dabei ist $v_0 = 2/\mu_0\,\sigma\,d$, wie schon in (4.14) angegeben. Die Beziehung (4.30) ist (4.18) sehr ähnlich, nur mit anderem Geometrieterm. Die Bremskraft beim Nullfluß-System unterscheidet sich jedoch sehr wesentlich von der des Normalfluß-Systems. Während beim Normalfluß-System die Bremskraft mit 1/v kleiner wird, gibt es bei der Bremskraft des Nullfluß-Systems zwei Geschwindigkeitsterme. Der eine fällt ebenfalls wie beim Normalfluß-System mit 1/v ab. Der andere aber, der Nullzonenterm steigt linear mit der Geschwindigkeit v an. Dies führt zu einem Minimum der Bremskraft, das für eine Auslenkung Δz = 40 mm und eine danach optimierte Reaktionsplattenstärke d_{opt} = 6,2 mm über dem interessierenden

Geschwindigkeitsbereich liegt. Wichtig ist die Beziehung für die spezifische Verlustleistung, die man aus der Division von $F_s v/F_z$ erhält

$$\frac{F_s\,v}{F_z} = \frac{P_s}{F_z} = \frac{v_0}{z_0\,\Delta z}\left\{\Delta z^2 + \frac{d^2}{12} + \frac{d^2}{12}\left(\frac{v}{v_0}\right)^2\right\} \quad . \tag{4.32}$$

Hieraus kann für bestimmte Geometrien und Geschwindigkeiten, sowie für die nachher noch zu optimierende Reaktionsplattenstärke d_{opt} die spezifische Verlustleistung bestimmt werden. Aus (4.32) ist erkennbar, daß ein Term Δz linear proportional ist, während zwei weitere Terme $1/\Delta z$ proportional sind, der eine dem Quadrat der Plattenstärke proportional und der zweite außerdem dem Quadrat der nomierten Geschwindigkeit v/v_0 proportional. Die spezifische Verlustleistung wächst im ersten Term proportional zur Auslenkung Δz. Dies ist verständlich, wenn man weiß, daß die Hubkraft proportional zu Δz wächst und die Bremskraft proportional zum Quadrat dieser Auslenkung.

Zur Herleitung der optimalen Reaktionsplattenstärke d_{opt} muß (4.14), welche die Größen μ_0, σ und d zu $v_0 = 2/\mu_0\sigma\,d$ zusammenfaßt, explizit in (4.32) eingesetzt erden. Denn erst dann erscheinen alle Abhängigkeiten von der Induktionsplattenstärke d vollständig. Es folgt

$$\frac{F_s\,v}{F_z} = \frac{2\,\Delta z}{z_0\,\mu_0\,\sigma\,d} + \frac{d}{6\,z_0\,\mu_0\,\sigma\,\Delta z} + \frac{\mu_0\,\sigma\,d^3\,v^2}{24\,z_0\,\Delta z} \quad . \tag{4.33}$$

Der rechte Ausdruck von (4.33) wird nach der Plattenstärke d differenziert:

$$\frac{\partial\left(\frac{F_s\,v}{F_z}\right)}{\partial d} = -\frac{2\,\Delta z}{z_0\,\mu_0\,\sigma\,d^2} + \frac{1}{6\,z_0\,\mu_0\,\sigma\,\Delta z} + \frac{\mu_0\,\sigma\,d^2\,v^2}{8\,z_0\,\Delta z} \quad . \tag{4.34}$$

Zum Auffinden des Minimums der spezifischen Verlustleistung wird das Differential in (4.34) gleich O gesetzt. Es folgt

$$d^4 + \frac{4\,d^2}{3\,\mu_0^2\,\sigma^2\,v^2} - \frac{16\,\Delta z^2}{\mu_0^2\,\sigma^2\,v^2} = 0 \quad . \tag{4.35}$$

Diese Gleichung 4. Grades wird in eine Gleichung 2. Grades aufgelöst, und es folgt

$$d^2 = -\frac{2}{3\,\mu_0^2\,\sigma^2\,v^2} \pm \left(\frac{4}{9\,\mu_0^4\,\sigma^4\,v^4} + \frac{16\,\Delta z^2}{\mu_0^2\,\sigma^2\,v^2}\right)^{1/2} . \qquad (4.36)$$

Es folgt weiter nach dem Gleichnamigmachen der Brüche unter der Wurzel (hier Klammer mit Exponent 1/2)

$$d_{opt} = \frac{\left(-2 \pm \left(4 + 9 \cdot 16\,\mu_0^2\,\sigma^2\,v^2\,\Delta z^2\right)^{1/2}\right)^{1/2}}{\sqrt{3}\,\mu_0\,\sigma\,v} . \qquad (4.37)$$

Bis hierhin ist (4.37) exakt. Wenn man nun in (4.37) die -2 gegen die Wurzel aus großen Zahlen vernachlässigt, begeht man einen Fehler, der nur 0,25 ‰ beträgt. Kleiner noch ist der Fehler, wenn die 4 unter der dann folgenden Wurzel vernachlässigt wird. Nach diesen sehr gut zu machenden Vernachlässigungen folgt

$$d_{opt} = 2\left(\frac{\Delta z}{v\,\mu_0\,\sigma}\right)^{1/2} . \qquad (4.38)$$

Für $\Delta z = 0{,}067$ m, $v = 111$ m/s = 400 km/h, $\mu_0 = \frac{4\pi}{10} \cdot 10^{-6}$ Vs/Am und σ von Aluminium $\sigma = 3 \cdot 10^7$ A/Vm folgt

$$d_{opt} = 0{,}008\ \text{m}, \qquad (4.39)$$

also eine Plattenstärke von 8 mm. Nachdem nun die Reaktionsplattenstärke für das Nullfluß-System optimiert worden ist, kann in Abhängigkeit von der Auslenkung aus der Sollage Δz und in Abhängigkeit von der Geschwindigkeit v die Verlustleistung für das Führen und Tragen berechnet werden.

Wenn nun die Plattenstärke nur noch 2/5 von 20 mm beträgt, ergibt sich $v_0 = 6{,}42$ m/s. Der Vergleich der Verlustleistung von Normalfluß-System und Nullfluß-System muß aber bei gleicher absoluter Geschwindigkeit durchgeführt werden, so daß aufgrund der unterschiedlichen Reaktionsplattendicke der Vergleich bei verschiedenen normierten Geschwindigkeiten ϕ angestellt werden muß. Wenn man die rechte Seite von (4.32) mit der Erdbeschleunigung g multipliziert, erhält man die spezifische Verlustleistung in kW/Mg. Grundlage des Vergleiches sollen gleichgestaltete supraleitende Spulen sein und eine fast gleiche Entfernung von der Spulenmittelebene bis zur Reaktionsplattenoberfläche. Ein Fehler von

1,6 % möge vernachlässigt werden. Dieser Fehler kommt dadurch zustande, Daß beim Normalfluß-System z bis zur Plattenoberfläche gerechnet wurde und beim Nullfluß-System z_0 bis zur Plattenmittelebene. Die Vergleichsdaten lauten wie folgt:

Normalfluß-System	Nullfluß-System
a = 0,5 m, b = 0,5 m	a = 0,5 m, b = 0,5 m
z = 0,25 m	z_0 = 0,25 m
v_0 = 2,57 m/s	v_0 = 6,42 m/s; 8,3 m/s; 11,75 m/s
v = 111 m/s	v = 111 m/s
v/v_0 = 43,2	v/v_0 = 17,3; 13,4; 9,45
d = 0,02 m	d = 0,008 m; 6,2 mm; 4,38 mm
v_0 g = 25,2 kW/Mg ohne Skineffekt	$v\ g\ F_s/F_z$ = 22,8 kW/Mg, Δz = 67 mm
	= 17,7 kW/Mg, Δz = 40 mm
$v\ g\ F_s/F_z$ = 33,0 kW/Mg mit Skineffekt	= 12,5 kW/Mg, Δz = 20 mm

Durch den Skineffekt werden die Werte des Nullfluß-Systems auch um etwa 30 % erhöht. In dieser Gegenüberstellung sieht man sehr deutlich, wie die Verlustleistung abnimmt, wenn Δz kleiner wird. Diese Verlustleistungsabnahme muß aber damit bezahlt werden, daß die Zahl der supraleitenden Spulen erheblich zunehmen muß. Deswegen werden jetzt die Geometrieterme von Normalfluß- und Nullfluß-System gegenübergestellt:

Normalfluß-System	Verhältnis	Nullfluß-System
$\frac{a^2\,b}{z(z^2+a^2)} = 1{,}6$	3 : 1	$\frac{b\,\Delta z}{z_0^2} = 0{,}553$ bei Δz = 67 mm
	5 : 1	= 0,32 bei Δz = 40 mm
	10 : 1	= 0,16 bei Δz = 20 mm

Zum Tragen benötigt man im letzten Falle (Δz = 20 mm) 20mal so viele supraleitende Spulen gleicher Stromstärke und gleicher Polstärke wie beim Normalfluß-System, denn die Spulen werden stets in doppelter Anordnung benötigt, eine Spule über und eine Spule unter der Raktionsplatte. Bei Berücksichtigung des Skineffektes ergeben sich als Verlustleistung nur für das Tragen dann 16,4 kW/Mg. Mindestens 1,6 kW/Mg käme als Verlustleistung für das Führen hinzu, so daß die gesamte Verlustleistung in Reaktionsschienen 18 kW/Mg betrüge. Es muß aber betont werden, daß dies dann ein sehr hartes Schweben sein würde, in der Härte dem elektromagnetischen Schweben vergleichbar, wenn ± 5 mm Schwingungsbereich angenommen werden.

Bei diesem energiesparenden Schweben muß die Reaktionsplattenstärke stets auf die Auslenkung Δz und auf die absolute Geschwindigkeit v optimiert sein. Wird aus Gründen der mechanischen Stabilität eine dickere Reaktionsplatte verwendet, so fällt das oben erwähnte Bremskraft-Minimum in den interessierenden Geschwindigkeitsbereich und liegt für Δz = 20 mm, v_0 = 6,42 m/s und d = 8 mm bei ϕ = 8,5. Das ist eine absolute Geschwindigkeit von v = 54,5 m/s = 196 km/h.

Zum Auffinden des Bremskraft-Minimums muß der Ausdruck für die Bremskraft F_s (4.31) nach $\partial\phi$ differenziert werden. Hierzu genügt es, den Ausdruck in der Klammer von (4.31) zu differenzieren, da vor der Klammer nur konstante Werte stehen. Für $v/v_0 = \phi$ folgt

$$\frac{\partial (F_s\ c)}{\partial \phi} = \frac{1 - \phi^2}{1 + 2\ \phi^2 + \phi^4} + \frac{d^2}{12\ \Delta z^2}\ . \tag{4.40}$$

Zum Auffinden der Extremwerte der Bremskraft wird die rechte Seite von (4.40) gleich 0 gesetzt. Es folgt

$$\phi = \pm \left[- 1 + \frac{6\ \Delta z^2 \pm \left(36\ \Delta z^4 - 24\ \Delta z^2\ d^2\right)^{1/2}}{d^2} \right]^{1/2} . \tag{4.41}$$

Gl. (4.41) hat vier Lösungen, je zwei für negative Geschwindigkeiten und je zwei für positives ϕ. Das Pluszeichen vor der Wurzel im Zähler des Bruches unter der großen Wurzel (hier Klammer mit Exponent 1/2) gilt für das Bremskraftminimum. Wenn in (4.41) die Reaktionsplattenstärke d klein gegen die Auslenkung Δz ist, kann vereinfachend geschrieben werden

$$\phi = \sqrt{12}\ \frac{\Delta z}{d}\ . \tag{4.42}$$

Bei Δz = 20 mm und d = 8 mm beträgt dann der Fehler 2 %. Solange der Quotient $\Delta z/d$ gleich bleibt, ändert sich die Lage des Bremskraftminimums in ϕ nicht, wohl aber in der Skala der absoluten Geschwindigkeit, denn v_0 ist der Reaktionsplattenstärke d umgekehrt proportional.

Der Verlauf der Bremskraft des Nullfluß-Systems mit der Geschwindigkeit wird für zwei Fälle in Abb. 4.6 gezeigt. Im oberen Teil der Abbildung ist der Verlauf der Bremskraft für eine nicht optimierte Plattenstärke dargestellt (d = 8 mm, Δz = 20 mm). Bei ϕ = 8,5 entsprechend 196 km/h bildet sich ein sehr flaches Minimum aus. Zwischen $\phi = 4$ (entsprechend 93 km/h) und $\phi = 17{,}3$ (entsprechend 400 km/h) ist die Bremskraft im flachen Minimum um nur 15 % abgesenkt.

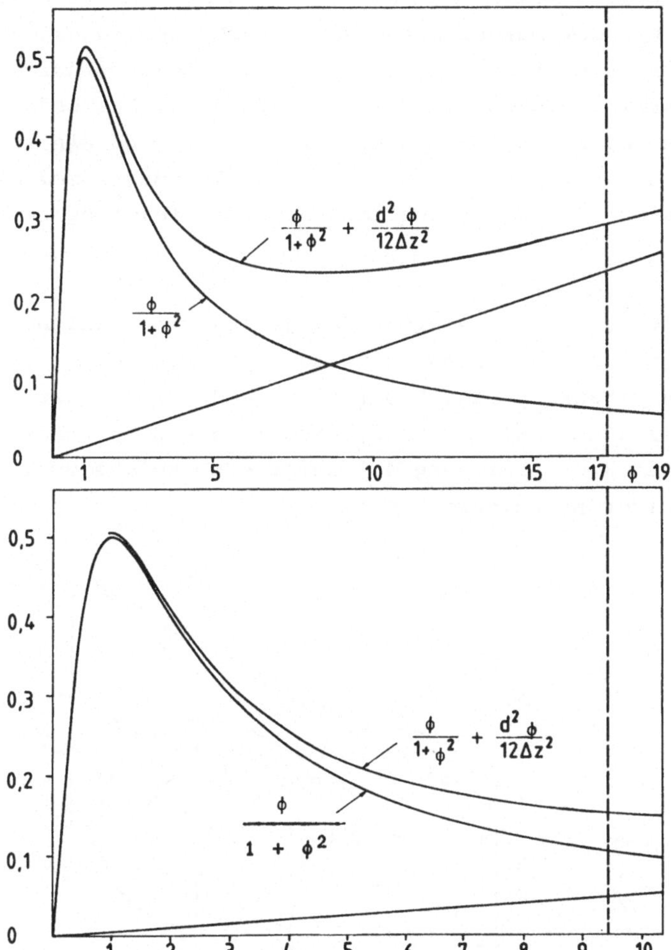

Abb. 4.6. Bremskräfte beim Nullfluß-System. Oben: Die Reaktionsplattenstärke ist mit 8 mm zu groß, der Nullzonenterm $d^2\,\phi/12\,\Delta z^2$ bewirkt ein Ansteigen der Bremskraft nach dem Bremskraftminimum.
Unten: Die Reaktionsplattenstärke ist optimiert. Aufgrund dieser optimierten Plattenstärke von 4,38 mm geht die Bremskraft bei 400 km/h um 47 % zurück. Das Bremskraftminimum liegt außerhalb des interessierenden Geschwindigkeitsbereiches (gestrichelte Linie bei v = 400 km/h).

Wird jedoch die Plattenstärke von d = 8 mm auf die optimierte Größe von d_{opt} = 4,38 mm verringert, so fällt die Bremskraft F_s bei 400 km/h um 47 % ab. An diesem Beispiel kann man sehen, wie wichtig eine Optimierung der Reaktionsplattenstärke für die Minderung der Bremskraft und der Verlustleistung ist. Der untere Teil der Abb. 4.6 zeigt den Verlauf der Bremskraft bei optimierter Reaktionsplattenstärke d_{opt} = 4,38 mm und bei einer Auslenkung Δz = 20 mm. Fraglich ist allerdings, wie eine Aluminiumplatte von 4,4 mm Stärke die hohen mechanischen Wechsellasten aushält, die bei der Durchfahrt eines Schwebefahrzeuges auftreten. Deswegen wäre eine elektrisch nicht leitfähige Kunsstoffhülle mit nicht zu großer Dielektrizitätskonstante ε hier sinnvoll. Das bedeutet also: Die Kräfte werden vom Kunststoffmantel aufgefangen, und ein schmaler Kern ist elektrisch leitfähig und führt die Induktionsströme. Mit Hilfe dieses Verbundmaterials kann erheblich an Verlustleistung eingespart werden.

Zweckmäßig ist es auch, die kreuzförmige Reaktionsschiene nicht an einer Seite zu befestigen, sondern so zu montieren, daß der vertikale Steg im Boden verankert ist. Die freitragende Breite der Reaktionsschiene ist dann nur halb so groß, als wenn die Reaktionsschiene seitlich befestigt wäre. Abbildung 4.7 zeigt eine solche Spulenanordnung mit kreuzförmiger Reaktionsschiene.

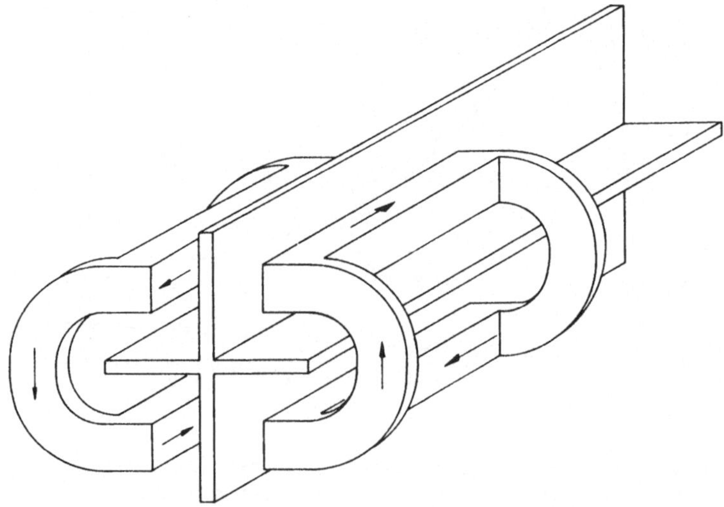

Abb. 4.7. Anordnung zweier Spulen für das Nullfluß-System, eine stromdurchflossene Spule über und eine stromduchflossene Spule unter der Kreuzschiene. Die Abbildung zeigt die Anordnung der Spulen so, daß die das Quadrupolfeld bildenden Stromleiter seitlich geschlossen sind. Dadurch ist die freitragende Breite der horizontalen Induktionsleiter nur etwa halb so groß. Kräfte für Tragen und Führen werden hier von dieser Spulenanordnung kombiniert erzeugt, wenn die Reaktionsschiene von der Achse des Quadrupolfeldes abweicht und die Spulenanordnung sich mit der Geschwindigkeit v entlang der Kreuzschiene bewegt.

Abbildung 4.8 zeigt eine Anordnung der Spulen und Reaktionschienen zusammen mit dem Querschnitt eines Schwebefahrzeuges, das zur Kompatibilität mit dem Schienenverkehr Eisenbahnräder für die Startphase trägt. Der vertikale Steg der Reaktionschiene ist in Betonblöcken neben dem Geleise verankert und nimmt nach dem Abheben von den Schienen das gesamte Fahrzeuggewicht auf. Sinnvollerweise wird als Spurweite die Normalspur verwendet, denn sonst ist die Kompatibilität mit dem Schienenverkehr nicht gegeben. Gleichwohl gibt es Entwürfe mit einer Spurweite von z.B 2,25 m. Das erscheint nicht sehr sinnvoll. Überhaupt ist es fraglich, ob die Rad-Schiene-Technik für den Start verwendet werden soll, und ob nicht lieber sehr leichte Flugzeugfahrgestelle mit Gummireifen für den Start Verwendung finden sollten. Denn Eisenbahnfahrgestelle machen das ganze Fahrzeug außerordentlich schwer. Der hohe Energieverbrauch ist dann nicht auszudenken.

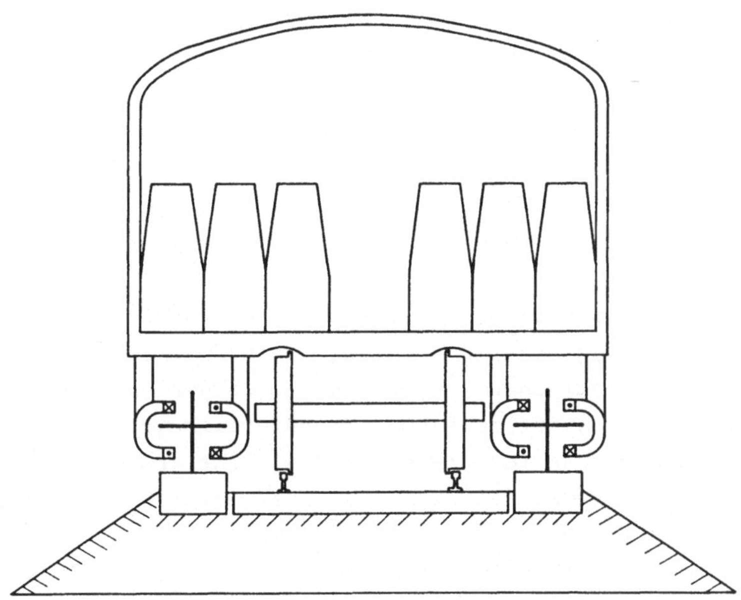

Abb. 4.8. Schwebefahrzeug mit Nullfluß-Spulenanordnung die kreuzförmige Reaktionsschiene umfassend. In dieser Anordnung ist die freitragende Breite der der Reaktionsschiene nur etwa halb so groß, als wenn die Schienen mit kruzförmigem Querschnitt seitlich verankert wären. Das normalspurige Eisenbahnfahrgestell dient der Vorbeschleunigung auf Rädern bis zum Erreichen der Schwebegeschwindigkeit (etwa bei 100 km/h). Ein bivalenter Fahrweg ist hiermit möglich.

Bei den in Abb. 4.7 gezeigten Spulen ist als Breite b (siehe (4.30) und (4.31)) der Abstand derjenigen Leiter zu verstehen, die parallel zur Achse der Kreuzschiene verlaufen. Durch die große Länge der Spule spielt die Aufkröpfung zur Überbrückung der kreuzförmigen Reaktionsschiene an den Enden der Spule keine Rolle. Diese Anordnung kombiniert in idealer Weise Tragen und Führen mit einer Doppelspulen-Konfiguration, die ein magnetisches Quadrupolfeld erzeugt und deren Achse sich mit der Achse der kreuzförmigen Reaktionsschiene deckt.

Eine solche Anordnung nach Abb. 4.7 und nach Abb. 4.8 läßt sich auch zur elektrodynamischen Stabilisierung eines Permanentmagnet-Schwebesystems benutzen, das wegen div $\vec{B} = 0$ nur in einer einzigen Dimension stabil oder aber in allen drei Dimensionen indifferent sein kann.

Wenn man die Bremskraft-Formel des Nullfluß-Systems mit derjenigen des Normalfluß-Systems vergleicht, wird man sich fragen, wo denn der Nullzonenterm der Bremskraft bei Normalfluß-System geblieben ist. Die Antwort lautet: Dieser Term ist vernachlässigbar klein geworden. Denn wenn Δz sehr groß wird, kann der Term $d^2/12\ \Delta z^2$ mit gutem Grund vernachlässigt werden. Ein Beispiel möge dies erläutern:

$d = 8$ mm	$d = 8$ mm	$d = 8$ mm
$\Delta z = 20$ mm	$\Delta z = 67$ mm	$\Delta z = 150$ mm
$\frac{d^2}{12\ \Delta z^2} = 1{,}33 \cdot 10^{-2}$	$\frac{d^2}{12\ \Delta z^2} = 1{,}2 \cdot 10^{-3}$	$\frac{d^2}{12\ \Delta z^2} = 2{,}37 \cdot 10^{-4}$

Ist die Auslenkung Δz beim Nullfluß-System sehr groß, so gehen die Eigenschaften dieses Systems in diejenigen des Normalfluß-Systems über. Sämtliche elektrodynamischen Schwebesysteme zeigen naturgemäß auch eine transversale Bremskraft gegenüber Transversalbewegungen des Schwebefahrzeuges. Ist die Reaktionsplattenstärke recht groß und damit v_0 klein, so wird das Bremskraftmaximum schnell erreicht und der Anstieg der Transversal-Bremskraft mit der Geschwindigkeit ist steil. Eine z.B. durch Windböen verursachte momentane Transversalgeschwindigkeit von 0,5 m/s ruft beim Nullfluß-System mit optimierter Reaktionsplattenstärke eine Bremskraft hervor, die ca. 1/3 der longitudinalen Bremskraft bei $v = 111$ m/s beträgt. Elektrodynamische Systeme sind also per se schwingungsgedämpft. Eine elektronische Gegenregelung ist nicht erforderlich. Dies gilt entsprechend auch für permanentmagnetische Schwebesysteme mit elektrodynamischer Stabilisierung.

Wie schon weiter vorne angesprochen, ist die Rückstellcharakteristik beim Nullfluß-System sehr hart. Dies geht aus Abb. 4.9 hervor, wo die Rückstellbeschleunigungen für Normalfluß- und für Nullfluß-System gezeigt werden. Nach einer Auslenkung von 6 mm aus der Sollage tritt beim Nullfluß-System eine Rückstellbeschleunigung von 0,3 g auf. Das Normalfluß-System ist demgegenüber um einen Faktor 12 weicher (0,025 g bei 6 mm Auslenkung). Das Nullfluß-System erfordert also vertikal sowie transversal unbedingt eine Sekundärfederung, die eine Amplitude von 6 mm auf mindestens das Zehnfache vergrößert und die Beschleunigungswerte entsprechend reduziert. Auch hier bringt Energiesparen mal wieder den Nachteil zusätzlicher Investitionskosten ein.

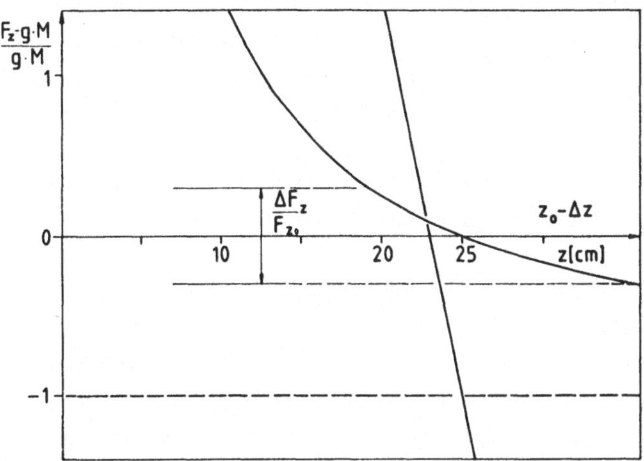

Abb. 4.9. Vergleich der Rückstellkräfte von Nullfluß- und Normalfluß-System bei Auslenkung aus der stabilen Sollage. $F_z - g\,M$ ist die Differenzkraft zwischen Hubkraft und Gewichtskraft. Diese Differenz ist auf die Gewichtskraft normiert. Die Einheit 1 an der vertikalen Achse entspricht einer Rückstellbeschleunigung von 1 g. Die Auslenkung, $z_0 - \Delta z$ für das Nullfluß-System und z für das Normalfluß-System, ist in cm angegeben und stellt den Abstand der Reaktionsplatte von der Spule dar. Das Nullfluß-System hat eine 12mal härtere Rückstellcharakteristik als das Normalfluß-System und bedarf daher der Sekundärfederung.

Wie schon in Abb. 4.1 gezeigt, ist ein umgekehrtes elektrodynamisches Schweben auch möglich. Am Fahrzeug befinden sich dann Reaktionsplatten, bzw. kann der Fahrzeugboden als Reaktionsplatte gestaltet werden, wie es Hochhäusler in Modellversuchen im großen Maßstab verifiziert hat [4.9]. Das elektrodynamische Schweben wurde hauptsächlich von Danby [4.10] vorgeschlagen. Es lag nahe, daß diejenigen, die sich mit dem Bau von supraleitenden Magneten für Teilchenbeschleuniger befaßten, sich auch Gedanken machten über sonstige Anwendungen supraleitender Magnete.

Als Antrieb beim elektrodynamischen Schweben war anfänglich ein eisenloser Synchronlinearmotor vorgesehen [4.11]. Doch waren auch schon lange Überlegungen zu einem Wanderfeldantrieb aktuell [0.7]. Der Kurzstator-Linearmotor [4.12] kam wegen der Schwierigkeit der Energieübertragung bei hohen Geschwindigkeiten weniger infrage.

Es ist noch erwähnenswert, daß in Japan weiterhin das elektrodynamische Schwebesystem verfolgt wird. Interessanterweise wird dort mit diskreten Trassenspulen [0.7] gearbeitet. Offensichtlich lassen sich damit geringere Verluste im Reaktionsleiter erreichen, da das Feld der Fahrzeugmagnete ungehindert durch die Spulen hindurchgreifen kann und Skineffekte die Stromaufnahme der Induktionsleiter weitaus weniger begrenzen. Es fällt auf, daß aus Japan wenige Vergleichsdaten erhältlich sind [4.13],[4.14],[4.15],[4.16],[4.17],[4.18].

Die Unterschiede zwischen Normalfluß- und Nullfluß-System werden in der Literatur in [4.19],[4.20] ausführlich behandelt. Auch wird gezeigt, daß diese Systeme stabil sind und keiner Regelung bedürfen.

Da bei Siemens in Erlangen die Entwicklung supraleitender Magnete im großen Stile betrieben wurde [4.21], lag es nahe, daß dort auch die Entwicklung des elektrodynamischen Schwebens vorangetrieben werden sollte, das ohne supraleitende Magnetspulen, nur mit Permanentmagneten nicht praktikabel ist. Auf dem Erlanger Rundkurs wurde zum Schluß der Einsatz supraleitender Magnete für den Antrieb durch normalleitende Wanderfeldspulen in der Trasse getestet. Diese Antriebsart wurde hauptsächlich von Weh [5.18] untersucht. Dabei ist der Einsatz supraleitender Magnete eine weitergehende Variante. Leider ist der Rundkurs in Erlangen wieder völlig abgerissen worden, so daß dort keine Antriebsversuche mehr durchgeführt werden können.

5 Antriebsfragen

Für die berührungsfreie Förderung von Schwebefahrzeugen wird konsequenterweise auch ein berührungsfreier Antrieb gefordert. Andere Kraftübertragungen würden das Konzept des berührungsfreien Transports durchkreuzen. Abgesehen von speziellen Anwendungen der berührungsfreien Förderung bei niedrigen Geschwindigkeiten, die auch von der Magnetschwebetechnik befruchtet werden können, ergibt sich ein berührungsfreier Antrieb aus der Notwendigkeit der sicheren Kraftübertragung. Als spezielle Anwendungen der Magnetschwebetechnik käme z.B. auch der Transport gefährlicher Güter infrage, wie hochradioaktive, giftige oder infizierte Stoffe. Diese Anwendungen sollte man im Hinterkopf haben, wenn über berührungsfreie Antriebe gesprochen wird.

Wenn ein Antrieb nicht über mechanische Kräfte wirken soll, kann der Antrieb nur durch Kräfte von Feldern oder aber pneumatisch erfolgen. Der pneumatische Antrieb bringt den Nachteil mit sich, daß stets sehr große Luftmengen zusammen mit dem Fördergefäß durch Transportrohre bewegt werden müssen, wobei hohe Energieverluste durch Wandreibung und durch innere Reibung des Transportgases entstehen, das wohl meistens aus Luft und nicht aus teuren Edelgasen besteht, die einen geringeren Reibungsverlust bewirken. Wenn beim pneumatischen Antrieb allerdings Fördergefäße in sehr dichter Folge durch ein Rohr getrieben werden, das nicht evakuiert oder auch teilevakuiert ist, so wird der Energieaufwand nicht wesentlich größer, unter Umständen - bei Saugförderung - auch geringer als beim Einzelantrieb der Fördergefäße. Wenn aus bestimmten Gründen die pneumatische Förderung bei magnetischer Abstützung und Stabilisierung ausgeschlossen werden soll, weil sonst z.B. giftige, radioaktive oder infizierte Güter in staubförmiger Form entlang des Förderweges verwirbelt werden und somit weitverzweigte Kontaminierungen auftreten können, so ist man ausschließlich auf die Kraftwirkung von Feldern angewiesen. Infrage kommen:

1. das Gravitationsfeld,
2. das magnetische Feld,
3. das elektrische Feld.

Das Gravitationsfeld kann, wenn Anfangs- und Endpunkt einer Förderstrecke auf gleichem Gravitationspotential liegen, nur Energie leihen. Diese Leihgabe ist aber sehr wichtig zum Aufbau der kinetischen Energie bei hohen Geschwindigkeiten. Im Folgenden wird der Ausdruck Fördergefäß häufig Verwendung finden. Dies ist der abstrakte Ausdruck für alles, was zu fördern ist, seien es innerbetriebliche Güter, Personen und Güter in Zügen, oder was man sich sonst noch denken kann. Es soll also hier von der nötigen kinetischen Energie der Fördergefäße gesprochen werden und von den Reibungskräften, die ja auch beim magnetischen Schweben auftreten, sei es Luftreibung, seien es Wirbelstromverluste, oder seien es gar Rollreibungsverluste bei der mechanischen Stabilisierung. Während man zum Aufbau der kinetischen Energie der Fördergefäße das Gravitationsfeld nutzen kann, muß zur Überwindung der Reibungskräfte stets noch ein anderer Antrieb wirksam werden - zumindest streckenweise [5.1].

Da für große Massen der Antrieb über ein elektrische Feld keine Lösung darstellt, scheidet das elektrische Feld aus den folgenden Betrachtungen aus. Es möge nur erwähnt werden, daß bei allen Teilchenbeschleunigern die Antriebskraft von elektrischen Feldern herrührt, die auf elektrisch geladene Teilchen wirkt.

Als echt berührungsfreier Antrieb zur Überwindung von Reibungskräften, z.B. auch in einem Vakuumrohr, bleibt also nur der Antrieb über magnetische Felder übrig. Auch in einem Vakuumrohr müssen bei magnetischer Abstützung und Stabilisierung Reibungskräfte überwunden werden, sofern Induktionsschienen beim elektrodynamischen Schweben nicht supraleitend sind. Auch das Polarisieren ferromagnetischen Materials in den Reaktionsschienen, den Ankerschienen beim elektromagnetischen Schweben, erzeugt Reibungsverluste, die Hystereseverluste. Die Wirbelstromverluste werden durch Lammellieren von Ankerschienen und Eisenkernen der Magnete zwar klein gehalten, bringen aber doch noch einen Verlust zusammen mit den Hystereseverlusten von 1 kW/t mit sich. Diese Verluste sind jedoch sehr klein gegen Luftreibungsverluste bis zu 90 kW/t bei einer Geschwindigkeit von 500 km/h. Es sollte auch nur betont werden, daß selbst in einem evakuierten Rohre ein Antrieb erforderlich ist und keineswegs der Gravitationsantrieb alleine genügt [5.2].

Der Antrieb mit magnetischen Feldern entlang einer Trasse wird Linearantrieb genannt, weil ein Antrieb entlang einer geraden Bahn, also entlang einer Linie, erfolgt. Grundsätzlich ist zu unterscheiden zwischen synchronem und asynchronem Linearmotor. Der asynchrone Linearmotor induziert Ströme in einem Reaktionsleiter, die ihrerseits ein Magnetfeld aufbauen, das mit dem induzierenden Magnetfeld wechselwirkt. Der synchrone Linearmotor erfordert eine Polteilung im Läufer, die bei fester Frequenz unterschiedlich entlang der Trasse sein kann, oder erfordert bei fester Erregung im Läufer eine Polteilung im Stator, die zwar gleichmäßig sein kann, wobei aber die Statorerregungsfrequenz des erregenden Stromes entsprechend der Geschwindigkeit des Fördergefäßes durchgestimmt werden muß. Während der asynchrone Linearmotor einen Wirkungsgrad von 50 bis 70 % erreicht, kann mit dem synchronen Linearmotor sogar ein Wirkungsgrad von 95 % bewerkstelligt werden. Da hier Getriebeverluste wie beim Antrieb durch Rotationsmotore entfallen, ist der Antrieb mit synchronen Linearmotoren sparsamer als der Antrieb mit Rotationsmotoren [5.3], [5.4], [5.5].

Nun ist leider der Wirkungsgrad bisheriger asynchroner Linearmotore, wie oben angegeben, nicht sehr befriedigend. Der Wirkungsgrad kann auch nicht mehr sehr wesentlich verbessert werden. Denn die Reaktionsschiene eines Doppelkammlinearmotors, zwischen dessen beiden Kämmen die Reaktionsschiene samt eines Luftspaltes Platz haben muß, erfordert nun einmal eine bestimmte Materialstärke und außerdem auf beiden Seiten der Reaktionschiene einen Luftspalt, der sich nach der transversalen Beweglichkeit des Fördergefäßes richten muß. Die lichte Spaltweite zwischen den Kämmen wird dann selten weniger als 20 mm betragen, 10 mm für die Reaktionsschiene und je 5 mm für Luftspalte auf beiden Seiten der Reaktionsschiene. Es versteht sich, daß allein die ohmsche Verlustleistung zur Erzeugung der nötigen magnetischen Spannung (siehe Kapitel 3.1) über einen so großen Luftspalt von 20 mm um einen Faktor 40 größer ist als bei einem Luftspalt von 0,5 mm bei einem Rotationsmotor. Der wesentliche Grund ist aber der, daß das Feld der in der Reaktionsschiene induzierten Ströme nicht durch ferromagnetisch polarisierbares Material verstärkt wird. Dies ist zwar bei einem Kurzschlußanker eines Drehstrommotors auch nicht der Fall, aber die Kurzschlußstäbe können beliebig dick gestaltet werden, und außerdem wird das Drehfeld eines Stators durch die gekrümmte Geometrie verstärkt. Deswegen wird ein asynchroner Linearmotor nie den Wirkungsgrad eines Drehstrommotors erreichen können. Doch wäre es vielleicht denkbar, den Wirkungsgrad eines asynchronen Linearmotors durch gezielte Entwicklung auf 80 %, vieleicht sogar 85 %, zu steigern. Zu berücksichtigen ist die Phasenverschiebung, die ein solcher Linearmototor in den Zuleitungen bewirkt. Deswegen fließen in den normalleitenden Zuleitungen relativ hohe Ströme, die aber wiederum nur eine um den Faktor cos ϕ verringerte Wirkleistung erbringen. Man spricht daher von dem Produkt η cos ϕ als dem Wirkungsprodukt, wobei η der Wirkungsgrad ohne Phasenverschiebung ist. Da die Wirkleistung des

Linearmotors um den Faktor cos ϕ verringert ist, wird auch der tatsächliche Wirkungsgrad noch kleiner als der nominelle Wirkungsgrad η. Es ist aber nicht richtig, den tatsächlichen Wirkungsgrad mit $\eta \cos\phi$ zu bezeichnen. Der Zusammenhang ist komplizierter. Wenn ωL der induktive Widerstand ist und R der Ohmsche, so gilt:

$$\eta_{real} = \frac{\omega\, L \cos\phi}{R + \omega\, L \cos\phi} \tag{5.1}$$

Beispiel: $\eta = 0{,}75$ $\cos\phi = 0{,}95$ $\eta_{real} = 0{,}74$ $\eta \cos\phi = 0{,}71$

$\eta = 0{,}70$ $\cos\phi = 0{,}70$ $\eta_{real} = 0{,}62$ $\eta \cos\phi = 0{,}49$

An diesen Beispielen kann man ersehen, wie falsch es ist, den Wirkungsgrad η mit cos ϕ zu multiplizieren, wenn man den realen Wirkungsgrad wissen möchte. Für die Bemessung der Zuleitungen und der Transformatoren ist allerdings das Produkt η cos ϕ richtig und wichtig, weil die zu installierende Leistung danach bemessen werden muß. Hohe Blindleistungen führen in Zuleitungen und Transformatoren zu erheblichen Verlusten.

Zur Übersicht über die verschiedenen Arten von Linearmotoren möge ein Verzweigungsbaum aufgezeigt werden. Im Folgenden soll für den linearen Induktionsmotor die Abkürzung LIM gelten.

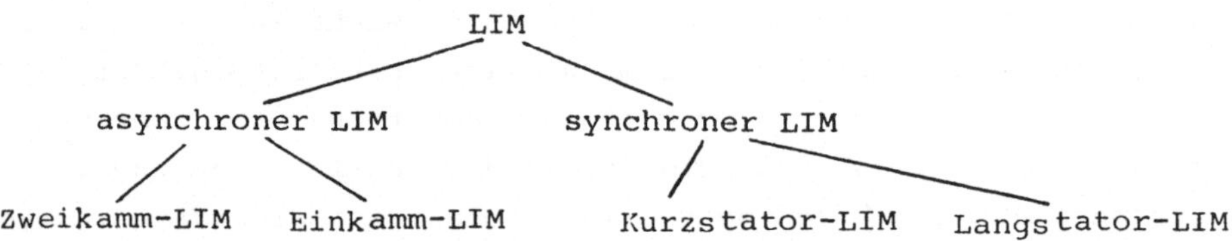

Der äußerst links stehende Typ und der äußerst rechts stehende Typ finden beim magnetischen Schweben Verwendung zum Antrieb. Dabei erfordert der asynchrone Doppelkamm-LIM sehr geringe Investitionskosten für die Trasse, nur eine senkrecht stehende Aluminiumschiene. Der Lang-Stator-LIM erfordert sehr hohe Investitionskosten für die lamellierte Ankerschiene und für die in Nuten der Ankerschiene eingelegten Wanderfeld-Wicklungen. Da ohnehin ein neues Verkehrssystem nur dann gebaut wird, wenn das Verkehrsaufkommen genügend groß ist und man auch ein einheitliches System haben muß, wird sich wohl der sparsamere Langstator-Antrieb durchsetzen. Von Anfang an klar war diese Frage keineswegs. Es sieht jetzt aber so aus, als wenn an der Entscheidung für den Langstator nicht mehr gerüttelt wird [5.6],[5.7].

5.1 Fahrspiel und mittlere Geschwindigkeit

Da die hohe Geschwindigkeit von 500 km/h, die für das elektrodynamische Schweben vorgesehen war, für eine dichtbesiedelte Bundesrepublik Deutschland fragwürdig erscheint, soll für einen Stationsabstand von 60 km, der Maschenweite des IC-Netzes, die mittlere Geschwindigkeit $\bar{v}$ für die Höchstgeschwindigkeiten 250 km/h, 300 km/h, 400 km/h und 500 km/h bestimmt werden. Abb. 5.1 veranschaulicht zwei Fahrspiele mit unterschiedlichen Höchstgeschwindigkeiten und unterschiedlicher Fahrzeit. In der dann folgenden Tabelle 5.1 sind die Einzelkomponenten der Fahrspiele aufgeführt, wobei hier von einer ganz unwirtschaftlich hohen Beschleunigung und damit sehr hohen Antriebsleistung ausgegangen wurde. Der Beschleunigungswert von 1,0 m/s², der als mittlerer Beschleunigungswert resultiert und zu Anfang etwas höher ist und am Ende der Beschleunigungsphase niedriger liegt, wurde nur nach der Verträglichkeit für Fahrgäste in Betracht gezogen, nicht aber im Hinblick auf die zu installierende Antriebsleistung. In der zweiten Tabelle wurde dann eine mittlere Beschleunigung von 0,5 m/s² zugrunde gelegt, die zu einer vertretbaren installierten Antriebsleistung führt [5.20], [5.21], [5.22], [5.23].

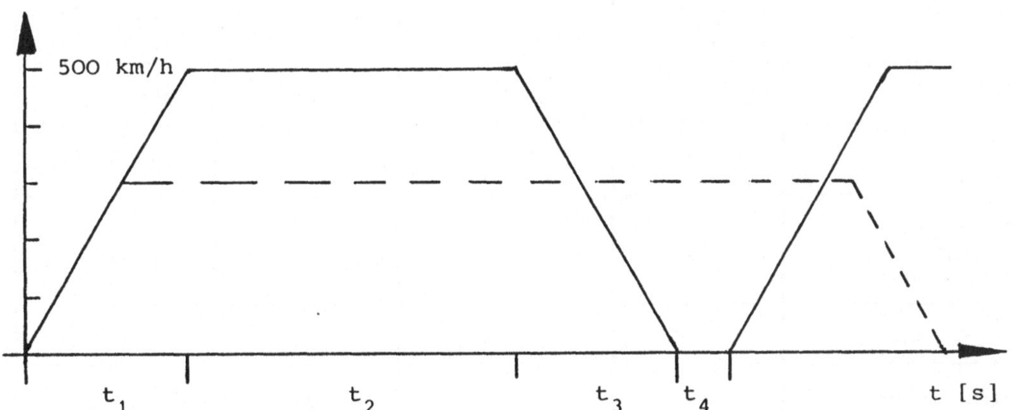

Abb. 5.1. Darstellung des idealisierten Fahrspiels einer Hochgeschwindigkeitsbahn. Die Beschleunigungsphase wird mit t_1 bezeichnet, die Konstantfahrt mit t_2, die Bremsphase mit t_3 und die Fahrgastwechselzeit mit t_4. Das gestrichelt gezeichnete Fahrspiel hat bei gleichen Beschleunigungswerten eine Höchstgeschwindigkeit von nur 300 km/h und benötigt für 60 km 234 s mehr Zeit. Die Flächeninhalte der Trapeze ergeben die gleiche zurückgelegte Strecke von 60 km.

Die Reisegeschwindigkeit $\bar{v}$ ergibt sich durch Division des Stationsabstandes d durch die Zeitsumme von t_1 bis t_4:

$$\bar{v} = \frac{d}{t_1 + t_2 + t_3 + t_4} \tag{5.2}$$

Die in den nachfolgenden Tabellen angegebenen Zeiten für die Beschleunigungs- und für die Bremsphase gehen von konstanten Beschleunigungs- und Verzögerungswerten aus. Dies ist unrealistisch. Die angenommenen Werte ergeben sich aber als Mittelwerte, derart, daß das Integral der Geschwindigkeit über die Zeit einen gleichen Wert hat wie bei dem trapezförmigen Fahrspiel. Die Ausgleichsgerade im Fahrspiel liefert den mittleren Beschleunigungs- bzw. Verzögerungswert.

Tabelle 5.1. Fahrzeiten für ein Fahrspiel bei 60 km Stationsabstand mit Einzelkomponenten und resultierender Reisegeschwindigkeit $\bar{v}$:

Höchstgeschwindigkeit	250 km/h	300 km/h	400 km/h	500 km/h
Beschleunigungsphase t_1	70,5 s	84 s	112 s	140 s
Konstantfahrtphase t_2	794 s	638 s	420 s	292 s
Bremsphase t_3	70,5 s	84 s	112 s	140 s
$t_1 + t_2 + t_3 + t_4$	980 s	851 s	689 s	617 s
$\bar{v}$	220 km/h	253 km/h	313 km/h	350 km/h
$v_{max} - \bar{v}$	30 km/h	47 km/h	87 km/h	150 km/h
Fahrtdauer für 6 Stationen = 360 km	1 h 38'	1 h 25,5'	1 h 9'	1 h 2'
Differenzen	36'	23,5'	7'	0'
Differenzen	29'	16,5'	0	
Differenzen	12,5'	0		

Da in der Bundesrepublik kaum eine Anwendungstrasse zu finden ist, die 360 km weit übersteigt, erscheinen die 7 Minuten Fahrzeiteinsparung durch Steigerung der Höchstgeschwindigkeit von 400 km/h auf 500 km/h als ein recht mageres Ergebnis. Als Fahrgastwechselzeit t_4 wurden einheitlich 45 Sekunden angesetzt. An den Differenzen ändert sich aber nichts, wenn die Stationsaufenthalte auf 60 oder gar 120 Sekunden verlängert werden.

In der zweiten Tabelle wird nun von einer effektiven Beschleunigung von 0,5 m/s² ausgegangen. Dieser Wert führt zu erträglichen installierten Leistungen für den asynchronen Kurzstator im Fahrzeug bzw. für den Langstator in der Trasse. Zur Einsparung von Investitionskosten für die Trassenspulen wäre zu überlegen, ob nicht angetriebene Abschnitte mit unangetriebenen abwechseln könnten. Es wäre aber sehr nachteilig, wenn ein Fahrzeug bei einem Nothalt auf einem antriebslosen Abschnitt zu stehen käme. Technisch bietet eine Beschleunigung von 1,0 m/s² keine Schwierigkeiten. Aber das technisch Machbare muß nicht unbedingt wirtschaftlich sein. Dennoch mögen in der ersten Tabelle die technisch machbaren Reisegeschwindigkeiten von Interesse sein.

Tabelle 5.2. Fahrzeiten für ein Fahrspiel bei 60 km Stationsabstand mit Einzelkomponenten und resultierender Reisegeschwindigkeit $\bar{v}$ bei einer effektiven Beschleunigung von nur 0,5 m/s²:

Höchstgeschwindigkeit	250 km/h	300 km/h	400 km/h	500 km/h
Beschleunigungsphase	141 s	168 s	224 s	280 s
Konstantfahrtphase	759 s	596 s	364 s	222 s
Verzögerungsphase	70 s	84 s	112 s	140 s
Fahrgastwechselzeit	45 s	45 s	45 s	45 s
Zeit für Fahrspiel	1015 s	893 s	745 s	687 s
$\bar{v}$	213 km/h	242 km/h	290 km/h	315 km/h
$v_{max} - \bar{v}$	37 km/h	58 km/h	110 km/h	185 km/h
Fahrtdauer für 6 Stationen = 360 km	1 h 41,5'	1 h 29'	1 h 14,7'	1 h 8,7'
Differenzen	33'	20'	6'	0
Differenzen	27'	14'	0	
Differenzen	13'	0		

Angesichts der hohen Aufwendungen zum Erreichen einer möglichst kurzen Reisezeit erscheint eine Fahrgastwechselzeit von 45 s als zumutbar. Dabei sei nur bemerkt, daß die Fahrgastwechselzeiten bei S-Bahnen zwischen 15 und 30 Sekunden liegen, in Ausnahmefällen auch bei 60 Sekunden.

5.2 Antriebswiderstände beim elektrodynamischen Schweben

Der Energiebedarf beim elektrodynamischen Schweben ist, wie in Kapitel 4 dargestellt, weniger auf die hohen Wirbelstromverluste in den Reaktionschienen zurückzuführen, als vielmehr - wie beim elektromagnetischen Schweben auch - auf die hohen Luftreibungsverluste. Für ein kleines Einzelfahrzeug beträgt der Leistungsbedarf zur Überwindung der Luftreibung für eine konstante Geschwindigkeit von 500 km/h etwa 90 kW/Mg, wenn das Fahrzeug 40 m lang ist und eine Masse von 80 Mg hat. Das Fassungsvermögen möge bei 160 Personen liegen, entsprechend 500 kg/Person. Bei 750 kg/Person und höherem Komfort ergeben sich nur 107 Sitzplätze. Für die Überwindung der Wirbelstromverluste in den Reaktionsschienen ergaben sich laut Kapitel 4 für das Normalflußsystem 40 kW/Mg. Wenn nun der mittlere Leistungsbedarf für ein Fahrspiel berechnet wird, ergibt sich der interessante Fall, daß der Leistungsbedarf für das Fahren im Fahrspiel niedriger ist als das Fahren mit Höchstgeschwindigkeit. Bei niedrigen Geschwindigkeiten ist es genau umgekehrt. Dies liegt an dem enorm hohen Luftwiderstand. Die Bilanz für ein Fahrspiel mit einer Höchstgeschwindigkeit von 500 km/h sieht dann folgendermaßen aus:

Luftreibung für ein Fahrspiel mit $a = 1{,}0\ m/s^2$ gemittelt:	51 kW/Mg
Wirbelstromverluste gemittelt über das Fahrspiel:	30 kW/Mg
Beschleunigungsleistung gemittelt über das Fahrspiel:	25 kW/Mg
Mittlerer Leistungsbedarf gemittelt über das Fahrspiel:	106 kW/Mg

Dieser Wert hängt etwas vom Wirkungsgrad des Linearmotors ab. Weiter unten wird für zwei Werte $\eta = 0{,}5$ und $\eta = 0{,}67$ der Leistungsbedarf ermittelt werden.

Der mittlere Beschleunigungsaufwand errechnet sich folgendermaßen:
Es wird davon ausgegangen, daß der asynchrone Linearmotor seinen vollen Wirkungsgrad erst bei v = 139 m/s erreicht und daß dieser bis dahin von Null auf seinen Maximalwert in etwa linear ansteigt. Wenn die Beschleunigung konstant sein soll, muß auch die beschleunigende Kraft konstant sein. Wir stellen uns jetzt einmal vor, daß im Vakuum beschleunigt wird. Wenn die Kraft konstant ist, muß auch ein konstanter Strom fließen. Das aber bedeutet konstante ohmsche Verlustleistung. Die erbrachte Arbeitsleistung wächst dann linear mit der momentanen Geschwindigkeit an. Die maximale Beschleunigungsleistung pro Fahrzeugmasse wäre dann 139 m/s multipliziert mit $1{,}0\ m/s^2$ gleichbedeutend mit 139 kW/Mg. Der Beschleunigungsweg beträgt bei v = 500 km/h s = 9700 m.

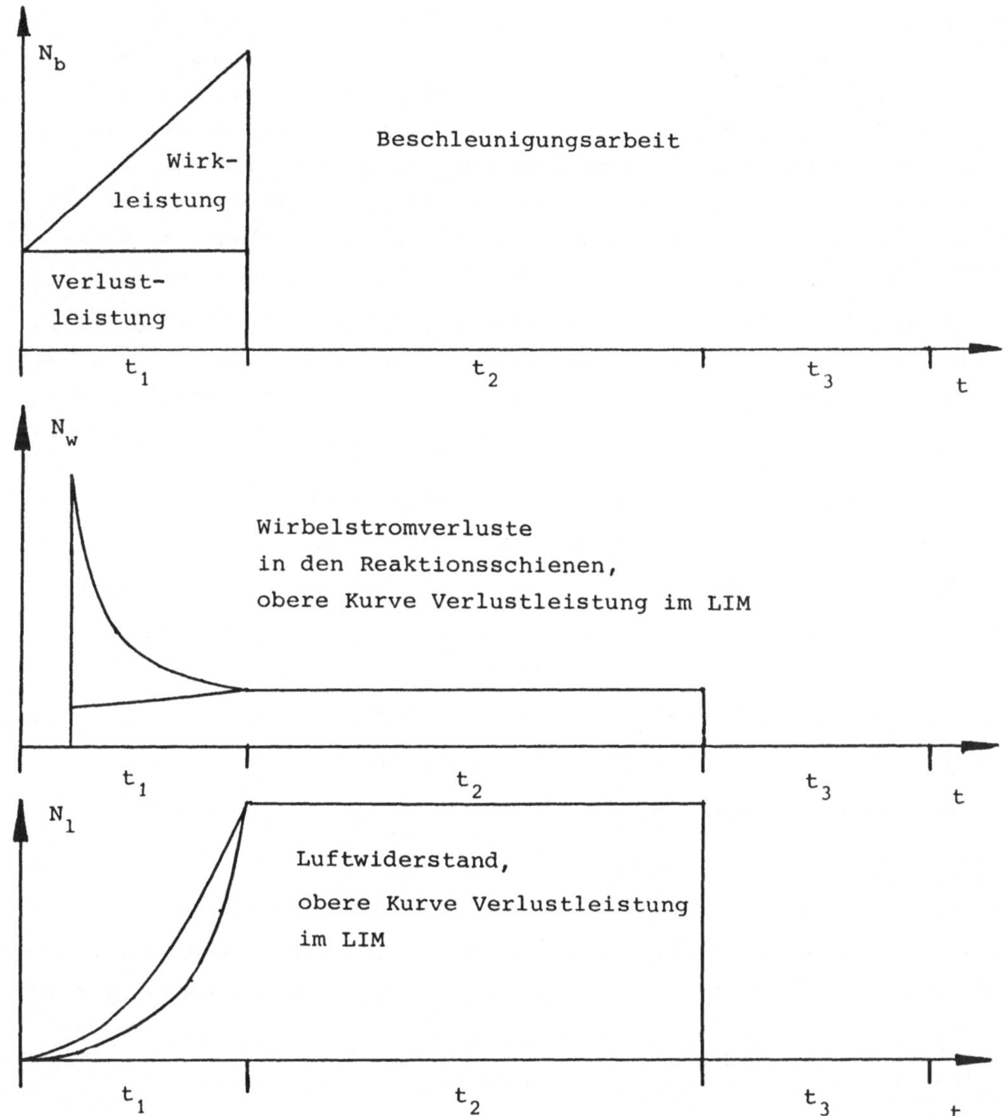

Abb. 5.2. Die Einzelkomponenten der Fahrwiderstände im Fahrspiel. Während der Beschleunigung ist die Verlustleistung konstant, die Beschleunigungsleistung steigt linear mit der Geschwindigkeit an. Die Wirbelstromverluste in den Reaktionsschienen sind zeitlich nahezu konstant. Die Widerstandskraft aber verläuft umgekehrt proportional zur Geschwindigkeit (nach dem Bremskraftmaximum). Die Verlustleistung im LIM ist zuerst sehr hoch und fällt schnell ab. Der Luftwiderstand steigt quadratisch mit der Geschwindigkeit an, die Leistung mit der dritten Potenz. Da der Wirkungsgrad des LIM etwa linear mit der Geschwindigkeit ansteigt, wächst die Verlustleistung im LIM quadratisch mit der Geschwindigkeit. Während der Bremsphase (t_3) ist kein Antrieb mehr erforderlich. Es treten daher auch keine Verluste auf. Erst bei etwa 100 km/h werden die Schwebemagnete ausgefahren. So wird das Bremskraftmaximum umgangen.

Um bei den Einzelkomponenten der benötigten Antriebsleistung mit einem einheitlichen Wirkungsgrad rechnen zu können, soll die Wirkleistung und die Verlustleistung getrennt dargestellt werden, denn für die drei verschiedenen Komponenten verläuft die Widerstandskraft nach unterschiedlichem Gesetz. Die Trägheitskraft wurde bereits als konstant angenommen. Die Luftreibungskraft hängt vom Quadrat der Geschwindigkeit ab, und die Bremskraft der Reaktionsschienen verhält sich umgekehrt proportional zur Geschwindigkeit. In den drei Diagrammen in Abb. 5.2 auf der vorangegangenen Seite wurde der zeitliche Verlauf von Wirk- und Verlustleistung dieser drei Widerstandskomponenten gezeigt.

Die in Abb. 5.2 gezeigten Verläufe der Widerstandskräfte und der Verlustleistungen im LIM werden nun über das Fahrspiel gemittelt. Die aufzubringende Gesamtleistung wird dabei jeweils auf die Maximalleistung normiert. So kann nachher mit einem einheitlichen Wirkungsgrad des LIM gerechnet werden. In Abhängigkeit vom Wirkungsgrad des LIM treten nun unterschiedliche Nennleistungen für die einzelnen Komponenten auf. Für die Werte von η = 0,5 und η = 0,67 sollen die benötigten Antriebsleistungen angegeben werden.

	η = 0,5	η = 0,67
Luftwiderstand	51,5 kW/Mg	51 kW/Mg
Wirbelstrom	30,5 kW/Mg	28 kW/Mg
Beschleunigung	26,0 kW/Mg	23 kW/Mg
Summe aller Komponenten	108,0 kW/Mg	102 kW/Mg

Um den spezifischen Energieverbrauch zu erhalten, werden die angegeben Werte durch die Maximalgeschwindigkeit von 500 km/h dividiert. Die Resultate sind:

216 Wh/Mg km und 204 Wh/Mg km

Wenn diese Werte jetzt durch den normierten Wirkungsgrad des LIM dividiert werden, erhält man die Eingangsleistung am LIM:

432 Wh/Mg km und 305 Wh/Mg km

Man muß von einem Übertragungswirkungsgrad bis zum LIM von ca. 80 % ausgehen und von einem Kraftwerkswirkungsgrad von 37 %. Das Produk beider Wirkungsgrade ergibt einen Wirkungsgrad von 29,6 %. Dividiert man die obigen Werte durch diesen Wirkungsgrad, so erhält man:

1465 Wh/Mg km und 1030 Wh/Mg km

5.3 Vergleich des spezifischen Energieverbrauchs von elektromagnetischem (EMS) und elektrodynamischem Schweben (EDS)

Die Angaben über den Energieverbrauch bezogen auf Mg km sind für EMS und EDS nicht ohne weiteres vergleichbar. Denn das EMS hat eine viel härtere Magnetcharakteristik als das EDS. Während die Magnete des EMS etwa ± 3 mm vertikales Spiel im Luftspalt von 8 mm haben, ist das vertikale und auch das transversale Spiel beim EDS mindestens um einen Faktor 10 größer. Dadurch wird der Aufwand für die Sekundärfederung beim EDS geringer. Wiederum erfordert das EDS ein Rollgestell bis zur Abhebegeschwindigkeit von 100 km/h (siehe Kapitel 4). Dieses Fahrgestell kann wie beim Flugzeug entsprechend leicht sein. So wurde das EDS-Fahrzeug auf dem Erlanger Rundkurs auch mit dem Fahrwerk eines Düsenjägers betrieben. Nach vorhandenen Konzepten beträgt die Fahrzeugmasse pro Sitzplatz beim EMS 0,64 Mg/Platz und beim EDS nur 0,50 Mg/Pl. Dieses niedrige Sitzplatzgewicht beim EDS ist allerdings nur unter der Bedingung erfüllt, daß es bei dem superleichten gummibereiften Fahrgestell geblieben wäre und nicht, um die Kompatibilität mit dem übrigen Schienenverkehr herzustellen, schwere Eisenbahnfahrgestelle Verwendung finden.

Multipliziert man die Werte für den spezifischen Energieverbrauch am Ende von Abschnitt 5.2, die auf Mg km bezogen sind, mit dem Wert des EDS von 0,50 Mg/Pl., so resultieren die Werte

733 Wh/Personen·km und 515 Wh/Pers.·km

Diese Werte sind relativ hoch, was an der Verwendung des asynchronen Linearmotors liegt mit den Eckwerten des Wirkungsgrades 0,50 und 0,67. Außerdem war eine energiezehrende Höchstgeschwindigkeit von 500 km/h zugrundegelegt worden.

Ein echter Vergleich von EMS und EDS muß aber von gleichen Bedingungen ausgehen, also vom gleichen Fahrspiel und vom gleichen Antriebswirkungsgrad des Linearantriebes. Für eine Höchstgeschwindigkeit von 400 km/h sollen nun die Einzelkomponenten der Antriebswiderstände aufgeführt werden, wobei von einem Fahrspiel ausgegangen wird, das eine effektive Beschleunigung von 0,5 m/s^2 und eine konstante Verzögerung von 1,0 m/s^2 aufweist, sowie keine Fahrt im Auslauf, sondern Konstantfahrt zwischen den Beschleunigungs- und Verzögerungsphasen.

Wenn das EDS-Fahrzeug und das EMS-Fahrzeug, genannt Transrapid, bei gleichem Fassungsvermögen an Fahrgästen und bei gleicher aerodynamischer Gestaltung dieser Fördergefäße bei gleicher Geschwindigkeit auch den gleichen Luftwiderstand besitzen, muß zwangsläufig die spezifische installierte Antriebsleistung zur Überwindung des Luftwiderstandes bei EDS-Fahrzeug und EMS-Fahrzeug dann ungleich sein, wenn das Sitzplatzgewicht unterschiedlich ist. Da die Erdbeschleunigung als konstant angenommen wird, ist es dann gleichgültig, ob auf das Gewicht oder auf die Sitzplatzmasse bezogen wird. Doch nur dann, wenn auf die Masse bezogen wird, resultiert als äquivalente Einheit $(m/s)(m/s^2)$. Es soll also deswegen die Leistung stets auf die Masse bezogen werden. Beim Transrapid entfallen 0,64 Mg auf einen Sitzplatz, wenn mit 160 Sitzplätzen gerechnet wird. In [5.8] werden 192 Sitzplätze angegeben. Für diese Zahl ändern sich alle anderen Werte dann entsprechend. Für das EDS-Fahrzeug wird ebenfalls mit 160 Sitzplätzen gerechnet. Beim EMS-fahrzeug wird deswegen nur mit 160 Sitzplätzen gerechnet, weil bei 156 m^2 nutzbarer Bodenfläche pro Sitzplatz eine Fläche von 0,98 m^2 resultiert, was dem Wert eines Inter-City-Zuges ohne Speisewagen entspricht. Bei 68 m^2 nutzbarer Wagenbodenfläche pro Wagen, 3 1.Kl.-Wagen, 4 Großraumwagen 2. Kl. und 3 Wagen mit Abteilen ergeben sich für den ganzen Zug ohne Speisewagen 692 Sitzplätze in beiden Klassen. Diese Bedingungen führen zu dem oben angegebenen Wert von 0,98 m^2/Sitzplatz. Für das EDS-Fahrzeug war eine etwas größere Breite, nämlich 4,2 m, angenommen worden, so daß trotz einer Länge von nur 40 m auch 156 m^2 an nutzbarer Bodenfläche resultieren könnten. Es mag sein, daß dies etwas unrealistisch ist, auch ein Sitzplatzgewicht von 0,50 Mg, da aber kein ausgereifter Entwurf besteht, soll für das EDS einmal sehr günstig gerechnet werden, um zu zeigen, daß selbst bei günstigster Betrachtungsweise das EDS hinsichtlich des Energieverbrauches zu aufwendig ist. Wenn also das Sitzplatzgewicht von EDS und EMS unterschiedlich ist, muß zwangsläufig die spezifische Leistung zur Überwindung der Luftreibung auch unterschiedlich sein.

Da beim EMS die den Führungsmagneten gegenüberstehende Ankerschiene nicht lamelliert ist, treten von den insgesamt 56 Führungsmagneten Bremskräfte bei 111 m/s von ca. 4 kN auf, was eine spezifische installierte Antriebsleistung von 4,4 kW/Mg erfordert [5.24].

Der Lineargenerator in allen 64 Tragmagneten erzeugt bei niedrigen Geschwindigkeiten eine Bremskraft von ca. 10 kN, die für 111 m/s auf ca. 4 kN abfällt. Die Überwindung dieser Bremskraft bei v = 111 m/s erfordert ebenfalls eine spezifische Leistung von 4,4 kW/Mg.

Die Widerstandskraft der Luftreibung beim Transrapid 06 - damit soll verglichen werden - beträgt 37 kN bei v = 111 m/s [5.9]. Das erfordert eine spezifische Antriebsleistung von 40 kW/Mg. Setzt man das Fahrspiel aus der zweiten Tabelle des Abschnittes 5.1 mit einer mittleren Beschleunigung von 0,5 m/s^2 an, so ist der genannte Maximalwert mit einem Mittelungsfaktor von 0,6 zu multiplizieren, um die über das Fahrspiel gemittelte spezifische Leistung zur Überwindung des Luftwiderstandes zu erhalten.

Für eine mittlere Beschleunigung von 0,5 m/s^2, dazwischen Konstantfahrt bei 400 km/h und eine konstante Verzögerung von 1,0 m/s^2 sieht die Bilanz der Komponenten zur Überwindung der Widerstandskräfte beim EMS und EDS folgendermaßen aus:

Spezifische zu installierende Leistung zur Überwindung folgender Komponenten in [kW/Mg]	EMS		EDS	
	Konstantfahrt	Zyklus	Konst.-Fahrt	Zykl.
Luftwiderstand, gemittelt über das Fahrspiel:	40	24	46	28
Beschleunigungsarbeit, gemittelt über das Fahrspiel:	-	15	-	15
Widerstand durch die Reaktionsschienen, gemittelt über das Fahrspiel:	4,4	3	40	28
Widerstand durch den Lineargenerator, gemittelt über das Fahrspiel:	4,4	5	-	-
Summen:	48,8	47	86	71

Wenn diese vier Werte durch die Maximalgeschwindigkeit von 400 km/h dividiert werden, erhält man die spezifischen Energieverbräuche für das EMS und für das EDS bei Konstantfahrt und bei Fahren im Zyklus. Es folgt:

EMS		EDS	
Konstantfahrt	Zyklus	Konstantfahrt	Zyklus
122 Wh/Mg km	118 Wh/Mg km	215 Wh/Mg km	178 Wh/Mg km

Als Antriebswirkungsgrad soll einheitlich $\eta = 0{,}85$ angesetzt werden. Nach der Division durch den LIM-Wirkungsgrad erhält man die elektrische

Eingangsenergie am Linearantrieb bezogen auf den Mg km [5.10],[5.11].

EMS		EDS	
Konstantfahrt	Zyklus	Konstantfahrt	Zyklus
144 Wh/Mg km	139 Wh/Mg km	253 Wh/Mg km	210 Wh/Mg km

Diese Werte sind nun mit der spezifischen Sitzplatzmasse zu multiplizieren. Es folg:

EMS	0,64 Mg/Pl.	EDS	0,50 Mg/Pl.
Konstantfahrt	Zyklus	Konstantfahrt	Zyklus
92 Wh/Pl.km	89 Wh/Pl.km	127 Wh/Pl.km	105 Wh/Pl.km

Um den Primärenergieverbrauch zu erhalten, denn diesen benötigt man zum Vergleich mit dem Energieverbrauch des Flugzeuges, muß der resultierende Verbrauch an elektrischer Energie am Ort der Umsetzung in mechanische Energie durch den Kraftwerkswirkungsgrad von $\eta = 0,37$ und durch den Übertragungswirkungsgrad von $\eta = 0,80$ dividiert werden. Das Produkt dieser beiden Wirkungsgrade ist $\eta = 0,296$. Nach dieser Division erhält man den spezifischen Primärenergieverbrauch [5.12].

EMS		EDS	
Konstantfahrt	Zyklus	Konstantfahrt	Zyklus
311 Wh/Pl.km	300 Wh/Pl.km	430 Wh/Pl.km	355 Wh/Pl.km

Der spezifische Primärenergieverbrauch des EDS ist also bei gleichen Randbedingungen und unter günstigsten Verhältnissen für das Schwebefahrzeug-Gewicht (Flugzeugfahrgestelle) um mindestens 18 % höher als der spezifische Primärenergieverbrauch beim EMS. Bei der zugrundegelegten Geschwindigkeit von 400 km/h tritt beim EMS der interessante Fall ein, daß der Energieverbrauch bei Konstantfahrt nur 4 % höher ausfällt als beim Zyklusbetrieb mit 0,5 m/s^2 mittlerer Beschleunigung und einer konstanten Verzögerung von 1,0 m/s^2 und gleicher Höchstgeschwindigkeit wie bei Konstantfahrt.

Interessant ist noch die Bestimmung der Gleitzahlen beim EMS und EDS. Die Gleitzahl ist aus der Luftfahrt, speziell vom Segelflug her bekannt. Diese Zahl gibt an, bei welcher Bahnneigung ein Flugzeug ohne Geschwindigkeitsverlust gleiten kann. Eine sehr gute Gleitzahl ist z.B. 1 : 50. Die oben angegebenen nötigen spezifischen Antriebsleistungen für Konstantfahrt werden nun durch die Geschwindigkeit von v = 111 m/s dividiert:

EMS	EDS
48,8 kW/Mg : 111 m/s = 0,44 m/s^2	86 kW/Mg : 111 m/s = 0,775 m/s^2

Nach Division der erhaltenen Werte durch die Erdbeschleunigung g = 9,8 m/s^2 erhält man die Gleitzahl:

EMS	EDS
1 : 22,2	1 : 12,7

Dies ist ein sehr drastisches Ergebnis. Die Gleitzahl für das EDS bei Konstantfahrt mit 500 km/h ergibt sich folgendermaßen:

Leistungsbedarf zur Überwindung des Luftwiderstandes bei 500 km/h:	90 kW/Mg
Leistungsbedarf zur Überwindung der Wirbelstromverluste in den Reaktionsschienen:	40 kW/Mg
Summe:	130 kW/Mg

Nach der Division durch 139 m/s (500 km/h) ergibt sich ein Wert von 0,935 m/s^2. Nach der Division dieses Wertes durch die Erbeschleunigung g = 9,81 m/s^2 erhält man den Wert für das EDS bei 500 km/h:

Gleitzahl des EDS = 1 : 10,5

Beim Einsatz von längeren Zügen fällt der anteilige Luftwiderstand pro Zugglied noch um ca. 20 % ab und die Energieverbrauchswerte werden günstiger. Doch ist der Einsatz langer Züge erst dann sinnvoll, wenn das Verkehrsaufkommen so groß ist, daß zweigliedrige Züge mit 160 Plätzen im 15-Minuten-Takt nicht mehr ausreichen, um den Bedarf an Plätzen zu decken. Es möge noch erwähnt werden, daß der Energieverbrauch bei v_{max} = 300 km/h um 44 % gegenüber v_{max} = 400 km/h zurückgeht. Dafür wird bei einer Entfernung von 360 km eine viertel Stunde mehr Reisezeit benötigt. Diese 15 Minuten können auch durch eine Verkürzung der mittleren Wartezeit eingespart werden, wenn nicht stündlich, sondern halbstündlich ein Zug verkehrt, besser noch alle 15 Minuten. Dann beträgt die maximale Wartezeit 15 Minuten und nicht eine halbe Stunde wie beim Halbstunden-Takt.

5.4 Vergleich von spezifischer Antriebsenergie und Reisezeit von Haus zu Haus bei Eisenbahn, Magnetbahn und Flugzeug

Aufgrund der hohen Luftreibung bei Geschwindigkeiten um 400 km/h erscheint ein Gravitationsantrieb nur dann als sinnvoll, wenn die Fördergefäße in einem ganz oder teilweise evakuierten Rohr gefördert werden [5.13] [5.14]. Andererseits könnte ein Gravitationsantrieb auch dazu dienen, eine (durch die installierte Antriebsleistung) begrenzte Beschleunigung von z.B. 0,5 m/s^2 auf 1,0 m/s^2 aufzustocken. Dazu müßte aber die Beschleunigungsstrecke von 6150 m im Tunnel verlaufen und ein mittleres Gefälle von 5 % haben, so daß die Trasse am Ende der Beschleunigungsphase in horizontaler Lage nach dem halben vertikalen Ausrundungsbogen 308 m unter der Ausgangsstation läge. Nach weiteren 7000 m könnte die Trasse wieder ans Tageslicht kommen, wenn man von einem ebenen Gelände ausgeht. Über diese Steigungsstrecke müßte die volle Antriebsleistung wirksam sein, um die Maximalgeschwindigkeit bergauf halten zu können. Danach müßte durch den Antrieb nur noch der Luftwiderstand und die geringen Verluste für das EMS kompensiert werden. Durch einen solchen wannenförmigen Trassenverlauf wäre auf einer Fahrstrecke von 360 km nach den Tabellen in Abschitt 5.1 ein Zeitgewinn von 5,7 Minuten erreichbar, wenn 6 mal die Beschleunigungsstrecke in einem wannenförmigen Tunnel verlegt werden würde. Da man aber die Gegenrichtung auch derart gestalten müßte, wären 12 mal 13,2 km = 158 km Tunnelstrecke auf 360 km Fahrstrecke zu verlegen. Dies wäre ein Tunnelanteil von 44 %. Da es bei der Einführung neuer Trassen in die Ballungsräume oft Schwierigkeiten bei der Trassenwahl gibt, wäre diese Idee der wannenförmigen Tunnel im Nahbereich der Magnetschwebebahn-Stationen gar nicht so abwegig. Man wird aber nie deswegen 158 km Tunnel anlegen, um 5,7 Minuten Fahrzeit bei einer Strecke von 360 km einzusparen.

Da laut Abschnitt 5.3 die Gleitzahl beim EMS für 400 km/h bei 1 : 22,7 liegt, könnte ein zweigliedriger EMS-Zug auf einem mittleren Gefälle von 4,4 % antriebslos (gravitationsgetrieben) das Gefälle hinabfahren und würde für eine Strecke von 7000 m die sonst nötige Antriebsenergie einsparen, was einer Ersparnis von 12 % der gesamten Antriebsenergie gleichkäme. Auch hierfür lohnt es nicht, 158 km Tunnel anzulegen. Nur dann, wenn ohnehin im Nahbereich der Städte Tunnel von ca. 13 km Länge bis zum Stadtkern angelegt werden sollen, wäre zu überlegen, ob man diese dann nicht wannenförmig trassieren sollte, wie es in Abb. 5.3 dargestellt ist.

Diese Vorausbemerkungen waren nötig, um zu zeigen, daß bei Reisezeitvergleichen mit dem Flugzeug die Fahrzeiten aus der Tabelle 5.2 aus dem Abschnitt 5.1 sinnvollerweise zu nehmen sind. Denn nur dann resultiert eine tragbare Investitionskostenhöhe für die Langstator-Beschleunigungseinrichtung entlang der Trasse, wenn diese nicht so leistungsstark werden muß. Ein doppelter Beschleunigungswert, also eine doppelte Antriebskraft, erfordert bei konstanter Erregung der Schwebemagnete am Fahrzeug einen doppelten Strom in den Trassenwindungen. Doppelter Strom in den Trassenwindungen heißt aber doppelte Kupfermenge in der Trasse, wenn der Wirkungsgrad gleich bleiben soll. Und Kupfer ist teuer. Auch die Unterwerke würden dann unvertretbar teuer werden [5.15].

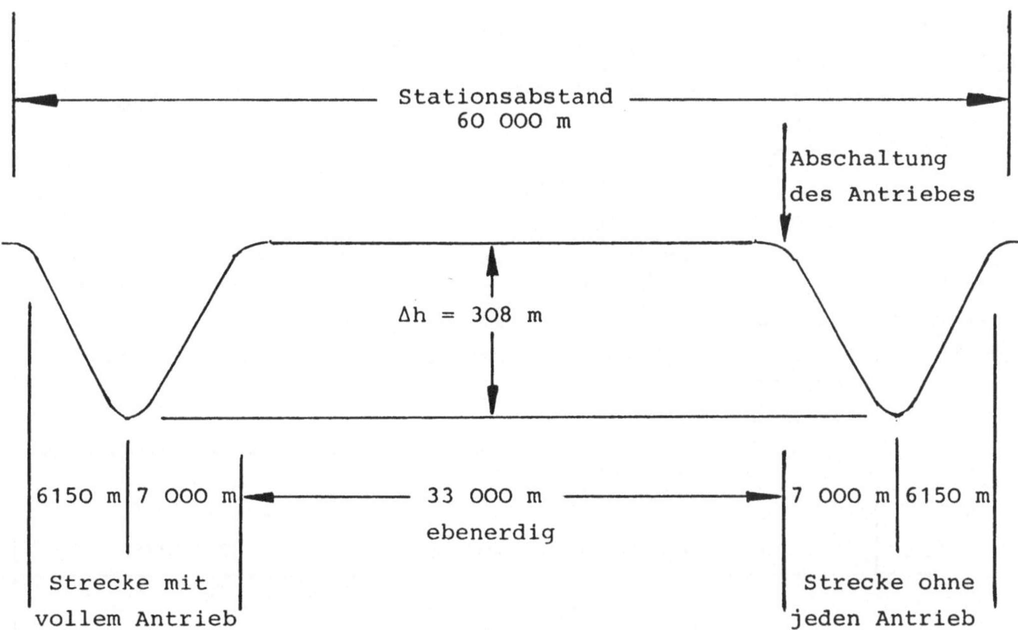

Abb. 5.3. Wannentrassierung am Anfang und am Ende einer Stationsdistanz von 60 km. Bei einer Fahrstrecke von 360 km würde durch diese Wannentrassierung eine Fahrzeitersparnis von 5,7 Minuten bei gleichbleibender Antriebsleistung resultieren und eine Energieeinsparung von 12 % der Antriebsenergie. Eine solche Trassierung kommt nur in Frage, wenn ohnehin in der Nähe der Städte eine unterirdische Trassenführung vorgesehen wird. Die Zeit- und Energieeinsparung rechtfertigt eine solche Trasse nicht.

Diese Vorbemerkungen waren nötig, um zu zeigen, daß bei Reisezeitvergleichen mit dem Flugzeug für das EMS die Fahrzeiten aus der zweiten Tabelle von Abschnitt 5.1 zu nehmen sind. Denn es ergibt sich nur dann eine tragbare Investitionskostenhöhe für den Trassenkilometer, wenn die Antriebsleistung in der Trasse sparsam gestaltet wird.

In der nachfolgenden Tabelle sind nun die Reisezeiten, Gesamtreisezeiten und die Primärenergieverbräuche für Eisenbahn, EMS und Flugzeug aufgeführt. Für die Beschleunigung beim EMS wurde ein Effektivwert von 0,5 m/s² zugrundegelegt (siehe zweite Tabelle aus Abschnitt 5.1.). Vergleiche wurden für die Reiseentfernungen von 360 km und 720 km angestellt.

Tabelle 5.3.

	ICE v_{max} = 250 km/h	EMS v_{max} = 400 km/h	Flugzeug (Airbus) v_{max} = 900 km/h
	$\bar{v}$ = 208 km/h	$\bar{v}$ = 290 km/h	$\bar{v}$ = 865 bzw. 880 km/h
Reiseweite 360 km	1 h 44' + 1 h Zu- u. Abg. 2 h 44' ======= $\bar{v}$ = 132 km/h	1 h 15' + 1 h Zu- u. Abg. 2 h 15' ======= $\bar{v}$ = 160 km/h	25' Flugzeit 10' Rollzeit + 1 h 20' Zugang + 1 h Abgang 2 h 55' ======= $\bar{v}$ = 123 km/h
Reiseweite 720 km	3 h 28' + 1 h Zu- u. Abg. 4 h 28' ======= $\bar{v}$ = 161 km/h	2 h 30' + 1 h Zu- u. Abg. 3 h 30' ======= $\bar{v}$ = 206 km/h	49' Flugzeit 10' Rollzeit + 1 h 20' Zugang + 1 h Abgang 3 h 19' ======= $\bar{v}$ = 217 km/h
Primärenergieverbrauch			
	240 Wh/Pl.km	300 Wh/Pl.km η_{LIM} = 0,85	580 Wh/Pl.km (516) bei 360 km Reiseweite
	240 Wh/Pl.km	424 Wh/Pl.km η_{LIM} = 0,60	470 Wh/Pl.km (399) bei 720 km Reiseweite

Die Zahlen in Klammern bei den Verbrauchswerten des Flugverkehrs berücksichtigen einen eventuellen Umweg zu Lande. So besehen ist das EMS selbst mit ungünstigerem Kurzstator-LIM nicht energieaufwendiger als das Fliegen bei einer Entfernung von 720 km.

Zu der Vergleichstabelle 5.3. sind noch einige Kommentare zu geben: Wenn das Verkehrsaufkommen so groß ist, daß sogar alle 15 Minuten viergliedrige Züge verkehren können, so sinkt der Energieverbrauch von 300 Wh/Pl.km auf 240 Wh/Pl.km, weil der Luftwiderstand pro Zugglied anteilig um ca. 20 % zurückgeht. Dann wäre der Energieverbrauch beim EMS mit v_{max} = 400 km/h etwa genauso groß wie derjenige der Eisenbahn mit v_{max} = 250 km/h. Wenn auch noch der neue Transrapid 07 im Energieverbrauch um 20 % niedriger liegt als sein Vorgänger, so sinkt der Verbrauchswert weiter auf 192 Wh/Pl.km. Thyssen Henschel gibt sogar schon für einen vierteiligen Transrapid 06 den Wert von 190 Wh/Pl.km an. Hier muß nun leider des gerechten Vergleiches wegen ein Wermutstropfen hineingegossen werden: Wegen des unterschiedlichen Platzangebotes von Transrapid und IC mit Speisewagen wäre dieser sehr geringe Wert von 190 Wh/Pl.km mit einem Faktor 1,2 oder gar 1,3 zu versehen. Damit wäre das EMS bei v_{max} 400 km/h ebenso energieaufwendig wie der ICE bei v_{max} = 250 km/h. Mit gutem Grund kann die Formulierung gewagt werden, daß nämlich die Magnetbahn bei 400 km/h genausoviel Energie verbraucht wie der ICE bei 250 km/h. Dies liegt aber nicht an der neuen Technologie des magnetischen Schwebens, sondern an den Luftreibungsverlusten, die bei einem größeren Profil und bei völlig neu entwickelter Aerodynamik eben niedriger ausfallen als beim alten kleinen Eisenbahnprofil.

Schließlich soll noch ein Wort zur Konkurrenz der Magnetbahn mit dem Flugzeug gesagt werden: Bei einer Entfernung von 360 km ist die Reisezeit mit der Magnetbahn 40 Minuten kürzer als diejenige einer Flugreise. Der Energieverbrauch ist jedoch fast halb so groß wie der des Flugzeuges. Auf dieser Entfernung (360 km) wird die Magnetbahn ein ernster Konkurrent für das Flugzeug sein. (40 Minuten schneller und halb so viel Energieverbrauch!) Bei 720 km Reiseweite dauert die Reisezeit mit der Magnetbahn nur 11 Minuten länger als diejenige mit dem Flugzeug, das ist nicht viel. Aber der Energieverbrauch des Flugzeuges ist fast immer noch doppelt so groß wie derjenige der Magnetbahn. Also auch bis zu Entfernungen von 700 km wird der Einsatz der Magnetbahn sehr sinnvoll sein. Leider gibt es eben große Schwierigkeiten, wenn in der dicht besiedelten und zersiedelten Bundesrepublik Deutschland eine neue Trasse zu planen ist. Deswegen wäre die Magnetbahn in weniger dicht besiedelten Ländern besser unterzubringen. Um aber die Investitionskosten der bisherigen Entwicklung nicht ungenutzt bleiben zu lassen, müssen Exportaufträge gewonnen werden. Diese Exportaufträge können aber nur dann erwartet werden, wenn im eigenen Lande eine vorführbare Anwendung besteht und nicht nur ein - zwar sehr wichtiger - Rundkurs. Die Verbindung Hannover - Berlin wäre eine ideale Anwendung gewesen [5.16], [5.17].

6 Ausblick

6.1 Trassenwahl für die Magnetbahn

Nachdem sich nun die Verbindung Hannover - Berlin nicht mit der Magnetbahn realisieren ließ, wurde nach Einsatzmöglichkeiten in anderen Verbindungen Ausschau gehalten. Jetzt (Mitte 1988) wurde die Verbindung Hamburg - Hannover mit Anbindung der Flughäfen Fuhlsbüttel und Langenhagen ins Auge gefaßt. Diese Verbindung ist zwar nicht lang, kann aber doch die Vorteile der Magnetschnellbahn demonstrieren. Günstig für dieses Bauvorhaben wirkt sich die einfache Orographie entlang dieser möglichen Verbindung aus. Mit Ausnahme von einigen kleinen Sanddünen gibt es fast keine Berge.

Die Einfädelung in die Städte ist ein ganz anderes Problem. Aber es ist inzwischen klar erkannt, daß diese Einfädelung unbedingt sein muß, um die Magnetbahn in das System Eisenbahn zu integrieren. Ebenso soll der Flugverkehr integriert werden.

Die Auswahl zwischen hundert Streckenvorschlägen trifft mit der Strecke Hamburg - Hannover die außerorentlich günstige Anbindung an die Rad-Schiene-Neubaustrecke Hannover - Würzburg. Denn ist erst einmal der bivalente Fahrweg - auch mit den dazugehörigen bivalenten Weichen - voll entwickelt, so bietet sich die Möglichkeit an, diese Neubaustrecke Hannover - Würzburg bivalent auszustatten. Und schließlich und endlich könnte eine Magnetbahnverbindung Hamburg - München geschaffen werden. Davon wäre das Vorhaben Hamburg - Hannover der Anfang.

Aber auch dann, wenn nie eine Fortführung der Strecke zustandekommt, wäre die Verbindung Hannover - Hamburg ein gutes Demonstrationsobjekt. Manch ein Fahrgast wird in Hannover - schon der Attraktivität des Neuen wegen - auf die Magnetbahn umsteigen, um etwa eine Stunde eher am Ziel zu sein, wenn die Intercity-Züge zwischen Hannover und Hamburg mehrfach halten, um auch diese Region in umsteigefreien Verbindungen anzuschließen.

Endlich könnte auch vielleicht in ferner Zeit, zu der möglicherweise von Seiten der DDR auch das Interesse für diese neue Bahntechnologie wächst, schließlich doch noch die Magnetbahnverbindung mit Berlin hergestellt werden. Dann könnte Hannover zu einem wichtigen Knoten in einem im Aufbau stehenden Magnetbahnnetz werden.

Die vor einigen Jahren vorgeschlagene und auch kostenmäßig untersuchte Magnetbahnverbindung Köln - Brüssel - Paris kann nun leider nicht als Magnetbahn realisiert werden, denn 1. wäre die Magnetbahn 4 Mrd. DM teurer geworden als der Ausbau und teilweise Neubau der Rad-Schiene-Strecken, 2. hätte die SNCF nicht zugestimmt, weil die französische Staatsbahn die TGV-Entwicklungskosten auch auf dieser Verbindung amortisieren möchte, und 3. stand dem Magnetbahnprojekt das Kanaltunnel-Projekt insofern im Wege, weil geplant ist, durchgehende Rad-Schiene-Verbindungen von London nach Paris einzurichten, und eine bivalente Ausführung des Kanaltunnels aufgrund des größeren Lichtraumprofils der Magnetbahn wiederum zu teuer geworden wäre.

So blieb nichts anderes übrig, als die Magnetbahn nur im nationalen Rahmen zu verwirklichen. Es wird sich dann im Falle der Verbindung Hamburg - Hannover zeigen, wie attraktiv die Magnetbahn sein kann. Auch wenn zwischen Hamburg und Flughafen Langenhagen keine Zwischenhalte vorgesehen sind, würde die Erhöhung der Höchstgeschwindigkeit von 400 km/h auf 500 km/h nur einen Fahrzeitgewinn von 4 Minuten erbringen. Gewiß könnten damit mögliche Verspätungen abgebaut werden. Diese 4 Minuten Zeitgewinn werden aber mit einem Anstieg des Energieverbrauches um 50 % teuer erkauft. Gewiß ist es günstig, wenn man zeigen kann, daß der TRANSRAPID auch 500 km/h schnell fahren kann und daß die Sicherheit bei dieser Geschwindigkeit voll gewährleistet ist. Wirtschaftlich wird diese Geschwindigkeit wohl nur sehr selten sein.

Ein Problem ist noch nicht gelöst, nämlich die Kollision mit großen Vögeln. Wahrscheinlich müssen im Bereich der Trasse noch Schutzeinrichtungen gegen große Vögel angebracht werden, so wie auch Wildzäune an den meisten neuen Autobahnen angelegt wurden. Eine Frontscheibe des Transrapid 06 ist jedenfalls schon durch den Aufprall eines großen Vogels gesprungen. Auf der Strecke Hamburg - Hannover wird man auch damit im täglichen Betrieb Erfahrungen sammeln können.

6.2 Neue Supraleiter

Von vielen Seiten ist zu hören, daß jetzt, wo die neuen Supraleiter entwickelt werden, alle Wirtschaftlichkeitsüberlegungen zur Nutzung der Supraleitung beim Magnetischen Schweben neu angestellt werden müßten. Im Abschnitt 5.3 wurde der Vergleich elektrodynamisches versus elektromagnetisches Schweben so angestellt, daß für das EDS sehr günstige Bedingungen zugrunde gelegt wurden. Diese günstigen Bedingungen verschlechtern sich nun schon, wenn man bedenkt, daß die Leermasse des Transrapid 07 nur noch 80 Mg beträgt, im Gegensatz zu 102 Mg der Leermasse des Transrapid 06, mit dem verglichen wurde. Das bedeutet, daß das EDS nicht an der teuren Supraleitung, sondern an dem hohen Energieverbrauch scheitert, der hauptsächlich durch die normalleitenden Reaktionsschienen bedingt ist.

Die einzige Chance für das vom System her sehr einfache elektrodynamische Schweben wäre die Entdeckung von Supraleitern, die auch bei Raumtemperatur supraleitend bleiben. Denn eine Kühlung der Reaktionsschienen mit flüssigen Stickstoff wäre deshalb illusorisch, weil damit ein Eisansatz an den kalten Reaktionsschienen unvermeidbar verbunden wäre.

Der steile Anstieg der Supraleitenden Sprungtemperatur, wie er in Abb. 6.1 gezeigt wird, könnte zu Spekulationen über entdeckbare warme Supraleiter Anlaß geben. Auch lassen gewisse Nachrichten aus Japan vermuten, daß Supraleitung bei Raumtemperatur nicht grundsätzlich unmöglich ist. Es ist aber zum jetzigen Zeitpunkt noch nicht erkennbar, wieviele Jahre verstreichen werden, bis solche warmen Supraleiter gefunden werden. Nach der eventuellen Entdeckung dürften noch ca. 10 Jahre vergehen, bis Leitermaterialien für supraleitende Reaktionsschienen hergestellt werden könnten. Dann, und nur dann, könnte es eine Renaissence des elektrodynamischen Schwebens geben.

Wenn allerdings schon ein großes Netz von Magnetschwebebahnen in EMS-Technik gebaut ist, wird es fraglich sein, ob auch dann noch eine Umrüstung auf EDS-Technik mit Reaktionsschienen aus warmen supraleitenden Materialien erreichbar ist. Auch wenn das elektrodynamische Schweben wegen der entfallenden Notwendigkeit der Trag- und Führfeldregelung so schön einfach ist, so dürfte dieses einfache Prinzip in der überschaubaren Zukunft vorerst keine Chance haben, auch wenn in Japan und in Canada weiterhin daran gearbeitet wird.

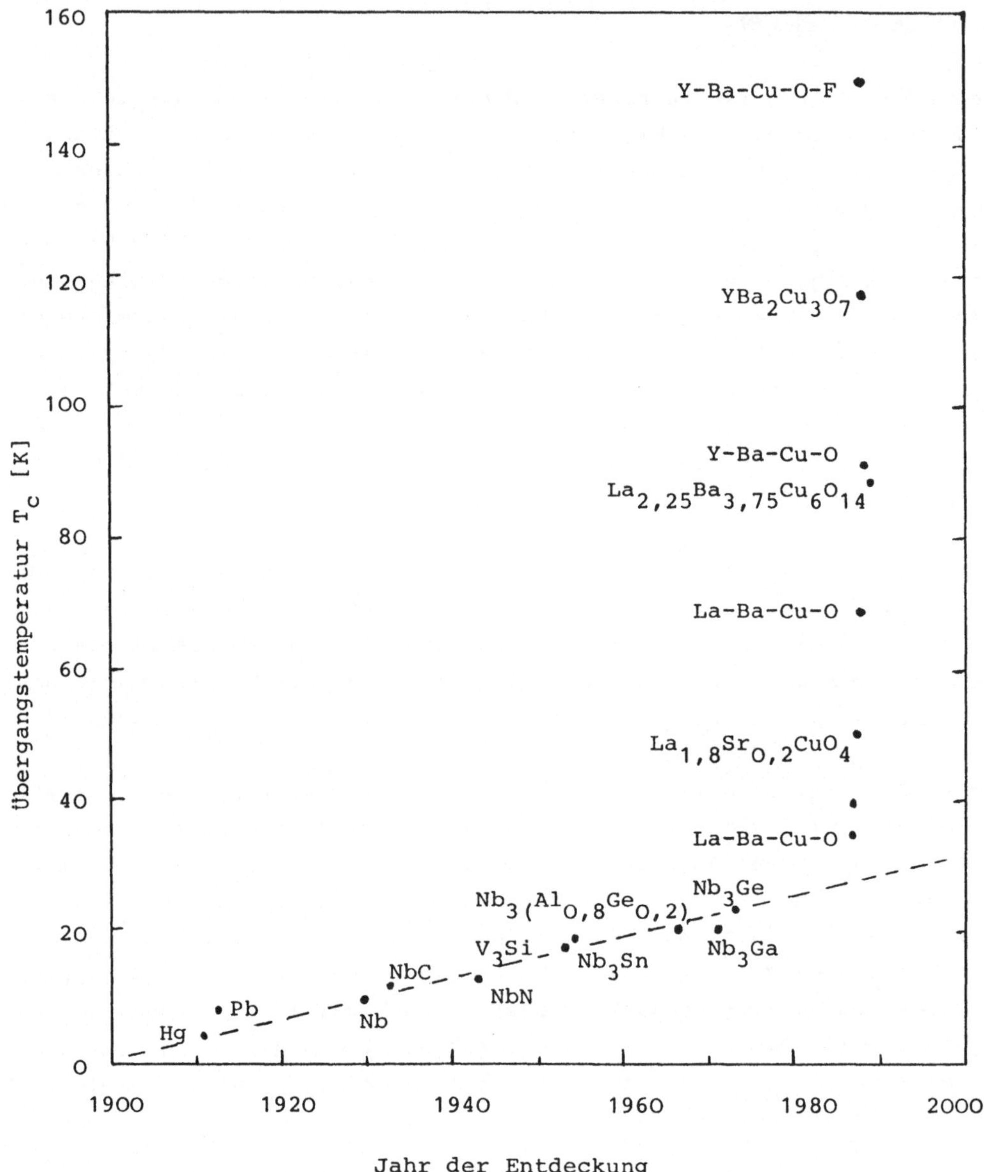

Abb. 6.1. Die Abfolge der maximalen Übergangstemperatur T_c seit Entdeckung der Supraleitung im Jahre 1911 bis heute. Bis 1986 lag der T_c-Anstieg bei 0,3 K/Jahr. Hätte man extrapoliert, so wären erst im Jahre 2000 T_c = 30 K zu erwarten gewesen. Die Entwicklung im Jahre 1986/87 stellt für die Supraleitung einen wissenschaftlichen und technischen Durchbruch dar. Es könnte also auch sein, daß in nicht ferner Zeit Supraleitung bei Raumtemperatur gefunden wird. Dann könnte das elektrodynamische Schweben eine Renaissence erleben, denn es könnten supraleitende Reaktionsschienen verwendet werden, welche die Nachteile des EDS, die hohen Wirbelstromverluste, vermeiden.

Nun war die Supraleitung ja nicht nur zum Aufrechterhalten des magnetischen Schwebezustandes gedacht, sondern - besonders zuletzt - auch zum Antrieb. Hohe Magnetfelder (ca. 5 T) der Fahrzeugmagnete sollten mit relativ schwachen Feldern von normalleitenden Spulen in der Trasse wechselwirken. Hierbei wäre die gesamte Verlustleistung des Antriebes aufgrund der supraleitenden Fahrzeugmagnete relativ gering. Der Antriebswirkungsgrad des Langstatorantriebes - und um einen solchen würde es sich ausschließlich handeln - ließe sich mit Hilfe der Supraleitung von $\eta = 0{,}85$ im Falle der Normalleitung auf $\eta = 0{,}97$ im Falle der partiellen Supraleitung steigern. Diese Energieeinsparung wäre aber nur dann sinnvoll, wenn die Anlage- und Wartungskosten für die supraleitenden Antriebsmagnete im Schwebefahrzeug nicht zu hoch und damit unwirtschaftlich ausfallen. Letzteres trifft nun ganz sicher für die alten Supraleiter zu, die mit Helium und Stickstoff gekühlt werden mußten. Wenn aber neuerdings nur mit flüssigem Stickstoff bei den neuen Supraleitern zu kühlen ist - und solche Supraleiter sind bereits im Einsatz -, dann verringern sich die Investitionskosten für die supraleitenden Fahrzeugmagnete etwa um einen Faktor 10. Das bedeutet, daß mit derzeit verfügbaren Supraleitern ein partiell supraleitender Antrieb schon wirtschaftlich sein könnte. Kostenrechnungen darüber laufen bereits. Aber: Das Konzept des EMS mit Langstatorantrieb ist nun voll entwickelt, wenn vielleicht auch noch nicht serienreif. Und nun kann die Entwicklung des Antriebssystems nicht von vorne beginnen. Das wäre ein Rückschlag um mindestens 10 Jahre. Die neuen Supraleiter, die bei der Temperatur des flüssigen Stickstoffs supraleitend bleiben, sind also - was den Antrieb beim EMS betrifft - um etwa 10 Jahre zu spät gefunden worden. Zudem betrüge die Energieeinsparung im Falle des Antriebes durch supraleitende Fahrzeugmagnetspulen nur 10 bis 12 %.

Wenn man bedenkt, daß bei gleichem Energieeinsatz der dem Fahrgast zur Verfügung stehende Platz rein aus energetischer Sicht um 11 bis 14 % steigen könnte, wäre der supraleitende Antrieb eine verlockende Aufgabe. Leider bestehen die Betriebskosten jedoch nur zu einem ganz geringen Teil aus Energiekosten, so daß eine Kosteneinsparung bei gleichem Platzangebot pro Fahrgast von nur ca. 1 % resulieren würde.

Insgesamt gesehen muß der Einsatz der neuen Supraleiter beim Magnetischen Schweben eher zurückhaltend beurteilt werden. Da verfahrenstechnische Anwendungen des Magnetischen Schwebens noch kaum zur Entwicklung gelangt sind, wäre hier eher eine Möglichkeit zu finden, die neuen Supraleiter beim Magnetischen Schweben einzusetzen.

6.3 Verfahrenstechnische Anwendungen

Die Fertigungstechnik in der Mikroelektronik erfordert Reinstraumbedingungen. Dabei wird die Verwirbelung neu erzeugten Staubes durch Abrieb an Fördereinrichtungen zu einem nicht zu unterschätzenden Problem. Absaugvorrichtungen und aufwendige Filteranlagen sind aus dem Produktionsprozeß vorerst nicht wegzudenken.

Eine Problemlösung könnte hier das inverse elektrodynamische Schweben bringen. Das EDS wird deswegen allein genannt, weil es als einziges Schwebesystem den freischwebenden Transport von z.B. Aluminiumschalen ermöglicht, so wie es Hochhäusler [4.9] im großen Maßstab realisiert hatte. Es lassen sich nicht nur Schalen aus nichtmagnetischen Metallen berührungsfrei transportieren, sondern naturgemäß auch Bänder z.B. aus amorphen nichtmagnetischen, aber elektrisch leitfähigen Materialien. Neben der Vermeidung von Staub aus Abrieb ergibt sich dabei der Vorteil der Lärmfreiheit.

Schließlich könnte man auch Fördereinrichtungen für infizierte oder auch radioaktiv kontaminierte Güter auf berührungsfreier Basis entwikkeln. Bei der berührungsfreien Förderung dieser Güter wird die Gefahr der Verstreuung von Keimen bzw. von Kontaminationen wesentlich verringert.

Die Gestaltung der Fördergefäße (einfache Schalen) kann so erfolgen, daß die Schalen mit dem Fördergut sich grundsätzlich - bei eingeschalteten magnetischen Wanderfeldern, oder auch bei stehenden Wechselfeldern - in stabiler Lage befinden, aus der heraus sie nach oben von der Förderbahn abgehoben werden können und in die hinein sie auf die Fördereinrichtung aufgesetzt werden können. Schleif- und Schurrbewegungen sind dabei ausgeschlossen.

Die Abbildung 6.2 zeigt eine solche Fördereinrichtung in Längsschnitt, Querschnitt und Draufsicht. Dem Prinzip nach entspricht diese Einrichtung der Hochhäuslerschen Schwebeanordnung. Eine Förderschale sollte mindestens von zwei Perioden eines magnetischen Wanderfeldes getragen werden, damit sie in Bahnrichtung gegen Verkippungen stabil ist. Zwei Perioden bedeutet, daß die Schale von vier Maxima abstoßender Kräfte getragen wird. Das Anhalten ohne Unterbrechung des Schwebezustandes kann folgendermaßen erreicht werden: Drei Wanderfeldspuren tragen das Fördergefäß, wobei die mittlere Spur die gleiche Vortriebskraft entwickelt wie die beiden schmalen äußeren Spuren. Werden nun die Wanderrichtungen der innneren Spur und der beiden äußeren Spuren entgegengesetzt gerichtet, so wirken keine resultierenden Kräfte entlang der Bahnrichtung auf die Förderschale und die Schale schwebt im Stand. Sind die Wanderrichtungen der Spuren gleichsinnig, so setzt sich die Förderschale in Bewegung, bis sie der Geschwindigkeit des Wanderfeldes nahe kommt. Durch Neigung der beiden äußeren Spuren gegen die mittlere Spur wird die Stabilität transversal zur Bahnrichtung hergestellt.

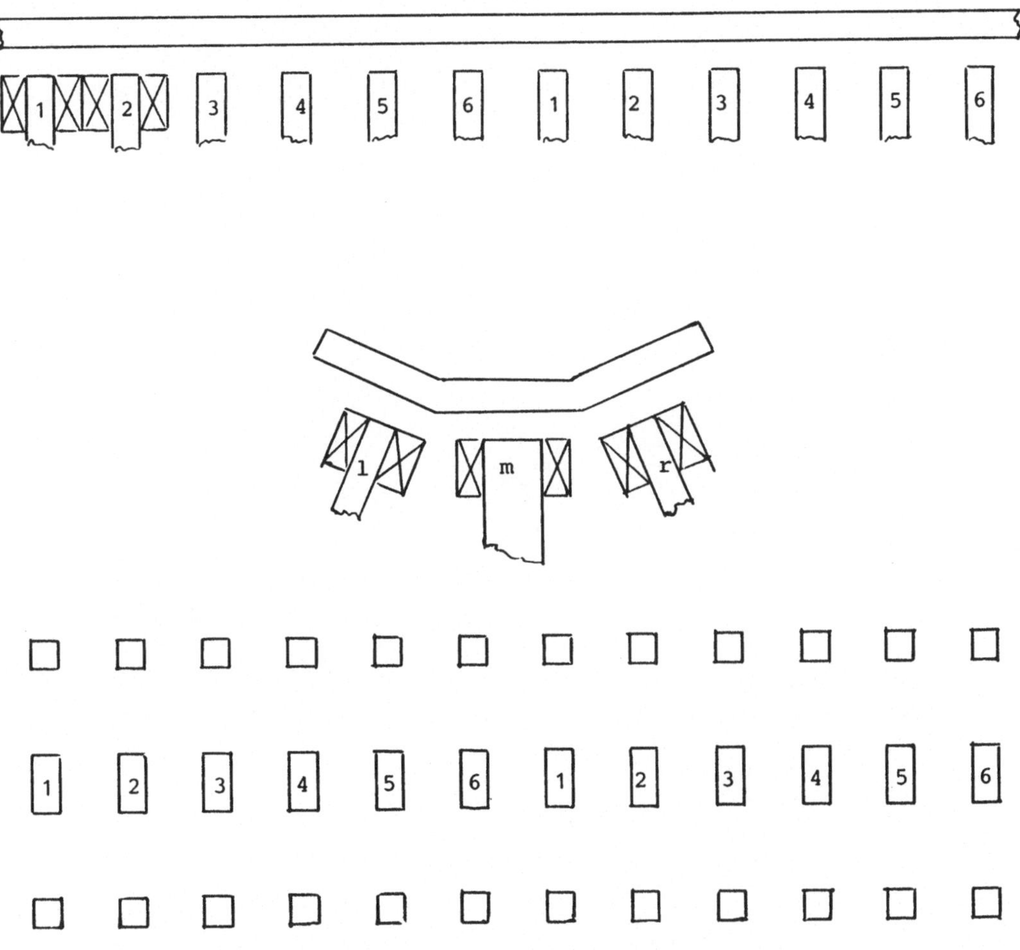

Abb. 6.2. Fördertechnische Anwendung des elektrodynamischen magnetischen Schwebens. Eine Schale aus nichtmagnetischem, elektrisch leitfähigen Material genügender Wandstärke wird durch Induktion sekundärer Ströme, die ein Wanderfeld verursacht, im stabilen Schwebezustand gehalten. Wenn die Antriebskräfte der beiden äußeren Spuren entgegengesetzt gleich der Antriebskraft der mittleren Spur sind, hält das Fördergefäß an. Die Stabilität transversal zur Bahnrichtung wird durch die angewinkelte Anordnung der äußeren Wanderfeldspuren hergestellt.

7 Literatur

7.0 Literatur zur Einleitung

[1] Weigelt, H.: Stand und Perspektiven der technologischen Entwicklung für den öffentlichen Nahverkehr. ETR 31 (1982) 67-72

[2] Deister, D.; Zurek, R.: Entwicklungsstand der elektromagnetischen Schwebetechnik für eine Hochleistungsschnellbahn. ETR 25 (1976) 721-728

[3] Zurek, R.; Mölzer, P.: Trassierungselemente für Schnellbahnen mit elektromagnetischer Schwebetechnik. ETR 26 (1977) 197-206

[4] Rogg, D.; Schulz, H.: Systementscheidung bei der Magnetschwebetechnik. ETR 27 (1978) 721-728

[5] Rogg, D.: Übersicht über die Entwicklung der Magnetbahn in der Bundesrepublik Deutschland. ZEV - Glas. Ann. 105 (1981) 198-201

[6] Heßler, H.: Chancen der Magnetbahntechnik. ZEV - Glas. Ann. 107 (1983) 405-410

[7] International Symposium on Traffic and Transportation Technologies, Proceedings B II: Advanced Railway Technologies II. June 18-20, 1979 Hamburg. Bundesministerium für Forschung und Technologie, Bonn, 1979

[8] Pirick, K.: Die Erfüllung der Sicherheitsanforderungen an die Magnetbahn. ETR 32 (1983) 801-805

[9] Heßler, H.: Nach 150 Jahren - Ergänzende neue Technologien im spurgeführten Verkehr? ZEV - Glas. Ann. 109 (1985) 286-291

[10] Jung, V.: Ist eine Magnetschwebebahn für den Fernverkehr der Bundesrepublik Deutschland sinnvoll? Internationales Verkehrswesen 39 (1987) 24-26

Fortsetzung, Literatur zur Einleitung

[11] Jung, V.: Zur Dokumentation 133 (Bewertung Schnellverbindung Paris - Brüssel - Köln/Amsterdam, Internationales Verkehrswesen 39 (1987) 171-173). Internationales Verkehrswesen 39 (1987) 357-358

[12] Fricke, H.; Merkel, E.: Der bivalente Fahrweg. Eisenbahningenieur 38 (1987) 245-248

[13] Parnitzke, R. A.: Transrapid - Innovation für das nächste Jahrhundert. V + T Verkehr und Technik 36 (1983) 363-370

[14] Raschbichler, H. G.; Schwindt, G.: Transrapid Versuchsanlage Emsland - Schnellfahrweiche Südschleife. ETR 36 (1987) 625-630

[15] Heinrich, K.; Mnich, P.: Versuchsergebnisse TRANSRAPID 06 - Systemdaten aus der Vorerprobung. ETR 36 (1987) 633-630

[16] Miller, L.: Einsatzfahrzeug Transrapid 06 II. ETR 36 (1987) 641-645

[17] Bundesministerium für Forschung und Technologie (BMFT): Statusseminar Spurgeführter Fernverkehr - Magnetschwebetechnik, Berichte. Hannover, Oktober 1986

7.2 Literatur zu Kapitel 2

[1] Jung, V.: Indifferent Magnetic Levitation System with permanent Magnets and Dynamic Stabilization. JMMM 4 (1977) 24-27

[2] Haid, K.-D.; Jung, V.; Spiess, J.: Arrangement of Permanent Magnets in a Levitation System with Indifferent or Weakly Unstable Characteristics. IEEE Trans. Magn. 17 (1981) 1982-1985

[3] Heide, H. van der,: Stabilisierung durch Schwingungen. Philips Technische Rundschau 33 (1973/74) 361-373

[4] Wilk, L. S.: Pseudomagnetic Suspension. Rev. Sci. Instr. 43 (1972) 251-258

[5] Braunbeck, W.: Freischwebende Körper im elektrischen und magnetischen Feld. Z. f. Physik 112 (1939) 756-766

[6] Earnshaw, S.: On the Nature of Molecular Forces. Transactions of the Cambridge Philosophical Society 7 (1848) 97-112

[7] Schüler, K.; Brinkmann, K.: Dauermagnete, Werkstoffe und Anwendungen. Springer-Verlag, Berlin 1970

[8] Stäblein, H.: Untersuchungen zum Magnetisierungsverhalten von Dauermagneten. Techn. Mitt. Krupp-Forschungsber. 28 (1970) 103-116

[9] Fahlenbrach, H.: Zukünftige Bedeutung magnetischer Abstoßungskräfte. Werkstatt und Betrieb 102 (1969) 289-296

[10] Heidelberg, G.: Die M-Bahn - Dauermagnetische Fahrzeugsuspension und Antrieb durch Fahrwegwanderfeld. ZEV - Glas. Ann. 107 (1983) 401-404

[11] Heidelberg, G.; Pleger, J.; Die M-Bahn - ein magnetisch getragenes Nahverkehrsmittel. ETR 33 (1984) 515-518

[12] Baran, W.: Optimierung eines permanentmagnetischen Abstützungssystems für spurgebundene Schnellverkehrsmittel. Z. f. angew. Physik 32 (1971) 216-218

Fortsetzung, Literatur zu Kapitel 2, permanentmagnetisches Schweben

[13] Baran, W.: Der augenblickliche Stand und die Entwicklung auf dem Gebiet der permanentmagnetischen Abstützungssysteme für spurgebundene Schnellverkehrsmittel. Intern. J. of Magnetism 3 (1972) 103-111

[14] Baran, W.: Berechnung von Anziehungs- und Haftkräften für magnetische Körper mit quaderförmiger Gestalt. Teil I: Techn. Mitt. Krupp -Forschungsber. 19 (1961) 223-228, Teil II: 20 (1962) 50-55

[15] Berechnung von Anziehungs- und Haftkräften für Magnete mit Feinpolteilung. Techn. Mitt. Krupp-Forschungsber. 20 (1963) 72-83

[16] Baran, W.: Die Erzeugung hoher Magnetfelder mit Dauermagnetsystemen. Techn. Mitt. Krupp-Forschungsber. 28 (1970) 127-130

[17] Baran, W.: Permanentmagnetisch erregte, elektrisch schaltbare Lasthebemagnete. Techn. Mitt. Krupp-Forschungsber. 33 (1975) 11-14

[18] Baran, W.: Zur Bestimmung der Kräfte bei Magneten mit starrer Magnetisierung. Z. angew. Physik 17 (1964) 194-196

[19] Heidelberg, G.; Schulz, T.: Das Magnetbahnprojekt Berlin. EB Elektrische Bahnen 82 (1984) 94-98

7.3 Literatur zu Kapitel 3

[1] Kemper, H.: Schwebende Aufhängung durch elektromagnetische Kräfte: eine Möglichkeit für eine grundsätzlich neue Forbewegungsart. ETZ 59 (1938) 391-395

[2] Kemper, H.: Elektrisch angetriebene Eisenbahnfahrzeuge mit elektromagnetischer Schwebeführung. ETZ-A 74 (1953) 11-14

[3] Brzezina, W.; Langerholc, J.: Calculation of Pole Dimension Corrections for the Treatment of Stray Flux in Electromagnetic Suspension Magnets. ETZ-A 95 (1974) 524-525

[4] Gottzein, Eveline; Meisinger, R.; Miller, L.: Anwendung des "magnetischen Rades" in Hochgeschwindigkeitsschwebebahnen. ZEV - Glas. Ann. 103 (1979) 227-232

[5] Bohn, G.; Langerholc, J.: Theoretical calculations of the electrodynamic properties of ferromagnetic levitation systems. J. Appl. Phys. 48 (1977) 3093-3099

[6] Bohn, G.; Langerholc, J.: Electrodynamic properties of ferromagnetic levitation systems revisited. J. Appl. Phys. 52 (1981) 542-545

[7] Albrecht, C.; Bohn, G.: Neue spurgeführte Transportmittel. Physikalische Blätter, Teil I: 32 (1976) 309-326, Teil II: 33 (1977)103

[8] Brzezina, W.; Langerholc, J.: Lift and side forces on rectangular pole pieces in two dimensions. J. Appl. Phys. 45 (1974) 1869-1872

[9] Senatori, L.: Rechenmodell zur Simulation des Systems Magnet-Schiene für Schnellbahnen. ETZ-A 97 (1976) 173-176

[10] Bohn, G. H.: Calculation of Frequency Responses of Electro-Magnetic Levitation Magnets. IEEE Trans. Magn. 13 (1977) 1412-1414

[11] Küpfmüller, K.: Einführung in die theoretische Elektrotechnik. Springer-Verlag, Berlin 1965

[12] Bohn, G.; Steinmetz, G.: The Electromagnetic Levitation and Guidance Technology. IEEE Trans. Magn. 20 (1984) 1666-1671

Fortsetzung, Literatur zu Kapitel 3, elektromagnetisches Schweben

[13] Günther, C. R.; Heym, K. D.; Navé, P. M. W.: Das EMS- Trag- und Führungssystem aus dynamische Sicht. ETZ-A 96 (1975) 373-377

[14] Winkle, G.: Forschungs- und Entwicklungsstand der elektromagnetischen Schwebetechnik in der Bundesrepublik Deutschland. ETZ-A 96 (1975) 367-373

[15] Weh, H.: Synchroner Langstatorantrieb mit geregelten, anziehend wirkenden Normalkräften. ETZ-A 96 (1975) 409-413

[16] Polifka, F.: Stand der Magnetbahnentwicklung. Internationales Verkehrswesen 40 (1988) 112-117

[17] Barrows, T. M.: A Composite Solution for the Lateral Magnetic Forces Between Rectangular Pole Faces. IEEE Tans. Magn. 16 (1980) 1295-1299

[18] Junck, R.: Der Magnetstromsteller des TRANSRAPID 06 für die Magnetbahn-Versuchsanlage Emsland. EB Elektrische Bahnen 84 (1986) 278-282

7.4 Literatur zu Kapitel 4

[1] Hannakam, L.: Wirbelströme in dünnen leitenden Platten infolge bewegter stromdurchflossener Leiter. ETZ-A 86 (1965) 427-431

[2] Richards, P. L.; Trinkham, M.: Magnetic Suspension and Propulsion System for High Speed Transportation. J. Appl. Phys. 46 (1972) 2680-2691

[3] Urankar, L.; Miericke, J.: Theory of Electrodynamic Levitation with a Continuous Sheet Track. Appl. Phys. 2 (1973) 201-211 (Part I), Appl. Phys. 3 (1974) 67-76 (Part II)

[4] Urankar, L.: Survey of Basic Magnetic Levitation Research in Erlangen. IEEE Trans. Magn. 10 (1974) 421-424

[5] Lichtenberg, A.: Elektrodynamisches Schweben im Fernverkehr der Zukunft. ETZ-A 96 (1975) 378-383

[6] Albrecht, C.: Elektrodynamische Trag- und Führungs-Systeme. ETZ-A 96 (1975) 383-390

[7] Lang, A.; Weh, H.; May, H.: Elektrodynamisches Tragsystem mit endlich breiter Schiene. Arch. Elektrotech. 57 (1975) 223-233

[8] Oberretl, K.: Vergleich elektrodynamischer Schwebesysteme. ETZ-A 96 (1975) 391-394

[9] Hochhäusler, P.: Modell einer elektrodynamischen Schwebebahn. ETZ-A 96 (1975) 394-396

[10] Powell, J. R.; Danby, G. T.: A 300 mph Magnetically Suspended Train. Mech. Eng. 89 (1967) 30-33

[11] Deleroi, W. et al.: Kurzstator-Linearmotoren - Stand und Entwicklung. ETZ-A 96 (1975) 401-408

[12] Holtz, J.: Kraftkomponenten und deren betriebliche Steuerung beim eisenlosen Synchronlinearmotor. ETZ-A 96 (1975) 396-400

Fortsetzung, Literatur zu Kapitel 4, elektrodynamisches Schweben

[13] Iwahana, T.: Study of Superconducting Magnetic Suspension and Guidance Characteristics on Loop Tracks. IEEE Trans. Magn. 11 (1975) 1704-1711

[14] Ohtsuka, T.; Kyotani, Y.: Superconducting Meglev Tests. IEEE Trans. Magn. 15 (1979) 1416-1421

[15] Jain, O. P.; Ooi, B.-T.: The Validity and the Limitation of the AC Impedance-Modeling techniques in Electrodynamic Levitation Systems. IEEE Trans. Magn. 15 (1979) 1169-1174

[16] Ooi, B.-T.; Jain, O. P.: Moments and Forces of the Electrodynamic Levitation System. IEEE Trans. Magn. 15 (1979) 1102-1108

[17] Tsukamoto, O.; Iwata, Y.; Yamamura, S.: Analysis of Ride Quality of Repulsive Type Magnetically Levitated Vehicles. IEEE Trans. Magn. 17 (1981) 1221-1233

[18] Oshima, K.: Superconducting Magnetic Leviation Train Project in Japan. IEEE Trans. Magn. 17 (1981) 2338-2342

[19] Knowles, R.: Dynamic Circuit and Fourier Series Method for Moment Calculation in Electrodynamic Repulsive Magnetic Levitation Systems. IEEE Trans. Magn. 18 (1982) 953-960

[20] Atherton, D. L.: Forces and Moments for Electrodynamic Levitation Systems - Large-Scale Test Results and Theory. IEEE Trans. Magn. 14 (1979) 824-827

[21] Bogner, G.: Applied Superconductivity Activities at Siemens. IEEE Trans. Magn. 15 (1979) 824-827

7.5 Literatur zu Kapitel 5

[1] Bahke, E.: Transportsysteme heute und morgen. Mainz, Krauskopfverlag (1973)

[2] Edwards, k. L.: Urban Gravity-Vacuum Transit System. Transportation Engineering Journal ASCE 95 (1969) 173-202

[3] Weh, H.: Die Integration der Funktionen magnetisches Schweben und elektrischer Vortrieb. ETZ-A 96 (1975) 131-135

[4] Weh, H.: Permanent Magnetic Excitation of Rotating and Linear Synchronous Machines. JMMM 9 (1978) 173-178

[5] Weh, H.: Magnetschwebetechnik für Bahnen. ETR 30 (1981) 653-660

[6] Gaede, P.-J.: Magnetbahntechnik mit Kurzstatorantrieb. ZEV - Glas. Ann. 105 (1981) 252-255

[7] Gaede, J.-P.: Technik und Leistungsdaten einer Magnetbahn mit Kurzstator-Linearmotorantrieb. ZEV - Glas. Ann. 107 (1983) 411-416

[8] Schwärzler, P. et al.: Transrapid 06 - Fahrzeugkonzept. ZEV - Glas. Ann. 105 (1981) 216-224

[9] Eitlhuber, E.: Transrapid 06 und sein Antriebssystem. ETR 33 (1984) 501-506

[10] Düll, H.-J.; Parsch, C. P.; Vegelahn, F.; Wiechens, H.: Der eisenlose Synchronlinearmotor als Fahrzeugantrieb in einem neuartigen Schnellverkehrssystem. ETR 27 (1978) 143-150

[11] Parsch, C. P.; Raschbichler, H. G.: Der eisenbehaftete synchrone Langstatormotor für die Transrapid Versuchsanlage Emsland. ZEV - Glas. Ann. 105 (1981) 225-232

[12] Mayer, W. J.: Der Energieverbrauch der Magnetbahn. ETR 30 (1981) 653-660

[13] Jung, V.: Die Cyclobahn, Gravitationsantrieb im Nahverkehr - Vorteile und Probleme. ZEV Glas. Ann. 100 (1976) 192-200

Fortsetzung, Literatur zu Kapitel 5, Antriebsfragen

[14] Jung, V.: Anwendung des Cyclobahn-Prinzips auch ohne Linearmotor. AET - Archiv f. Eisenbahntechnik 34 (1979) 67-76

[15] Lang, A.: Stand der Antriebstechnik bei EMS-Fahrzeugen. Elektrische Bahnen (EB) 48 (1977) 232-238

[16] Wackers, M.: Ergebnisse der Anwendbarkeitsstudien über die Magnetbahn. ETR 35 (1986) 21-26

[17] Hochbruck, H.: Perspektiven des Schnellverkehrs, Magnet- und/oder Rad/Schiene-Technik. ETR 34 (1985) 209-214

[18] Weh, H.: Linear Synchronous Motor Development for Urban and Rapid Transit Systems. IEEE Trans. Magn. 15 (1979) 1422-1427

[19] Weh, H.: Einsatzfelder von Linearantrieben. ETR 37 (1988) 13-19

[20] Parsch, C. P.; Ciessow, G.: Die Antriebsausrüstung des TRANSRAPID 06 mit eisenbehaftetem synchronen Langstator. EB Elektrische Bahnen 79 (1981) 290-295

[21] Dreimann, K.; Betz, H.; Leistikow, R.: Die Stromversorgung für den Antrieb des TRANSRAPID 06. EB Elektrische Bahnen 79 (1981) 295-300

[22] Lingaya, S.; Wiechens, H.: Die Streckenschaltanlage für den Antrieb des TRANSRAPID 06. EB Elektrische Bahnen 79 (1981) 302-307

[23] Gibson, J. Ph. et al.: Steuerung und Regelung für den Antrieb des TRANSRAPID 06. EB Elektrische Bahnen 79 (1981) 307-311

[24] Böhm, E.; Lingaya, S.; Weller, A.: Antriebssystem des TRANSRAPID 06 EB Elektrische Bahnen 82 (1984) 88-93

8 Sachregister

R. Isermann

Identifikation dynamischer Systeme

Band I: Frequenzgangmessung, Fourieranalyse, Korrelationsmethoden, Einführung in die Parameterschätzung

1988. 85 Abbildungen. XVIII, 344 Seiten.
Gebunden DM 84,–. ISBN 3-540-12635-X

Band II: Parameterschätzmethoden, Kennwertermittlung und Modellabgleich, Zeitvariante, nichtlineare und Mehrgrößen-Systeme, Anwendungen

1988. 83 Abbildungen. XIX, 302 Seiten.
Gebunden DM 98,–. ISBN 3-540-18694-8

Das zweibändige Werk behandelt Methoden zur Ermittlung dynamischer, mathematischer Modelle von Systemen aus gemessenen Ein- und Ausgangssignalen. Es werden die Identifikationsmethoden mit nichtparametrischen und parametrischen Modellen, zeitkontinuierlichen und zeitdiskreten Signalen, für lineare und nichtlineare, zeitinvariante und zeitvariante, Ein- und Mehrgrößensysteme beschrieben. Auf die Realisierung mit Digitalrechnern und die praktische Anwendung an technischen Prozessen wird ausführlich eingegangen. Mehrere Anwendungsbeispiele zeigen die erreichbaren Ergebnisse unter realen Bedingungen.

Springer-Verlag Berlin
Heidelberg New York London
Paris Tokyo Hong Kong